北京理工大学"985 工程"国际交流与合作专项资金资助图书

像素时代的阅读

——当代书籍设计语言的研究

董红羽（Dong Hongyu）

[美] 甘一飞（Yifei Gan） 著

U0350685

北京理工大学出版社
BEIJING INSTITUTE OF TECHNOLOGY PRESS

图书在版编目（CIP）数据

像素时代的阅读：当代书籍设计语言的研究 / 董红羽，（美）甘一飞著. —北京：北京理工大学出版社，2016.10

ISBN 978–7–5682–3246–3

Ⅰ. ①像…　Ⅱ. ①董…　②甘…　Ⅲ. ①书籍装帧–设计–研究　Ⅳ. ①TS881

中国版本图书馆 CIP 数据核字（2016）第 241720 号

北京市版权局著作权合同登记号　图字：01–2016–7192 号

出版发行 / 北京理工大学出版社有限责任公司

社　　　址 / 北京市海淀区中关村南大街 5 号

邮　　　编 / 100081

电　　　话 /（010）68914775（总编室）

　　　　　　（010）82562903（教材售后服务热线）

　　　　　　（010）68948351（其他图书服务热线）

网　　　址 / http://www.bitpress.com.cn

经　　　销 / 全国各地新华书店

印　　　刷 / 保定市中画美凯印刷有限公司

开　　　本 / 710 毫米×1000 毫米　1/16

印　　　张 / 9.5　　　　　　　　　　　　　　　　责任编辑 / 张慧峰

字　　　数 / 132 千字　　　　　　　　　　　　　文案编辑 / 张慧峰

版　　　次 / 2016 年 10 月第 1 版　2016 年 10 月第 1 次印刷　　责任校对 / 周瑞红

定　　　价 / 46.00 元　　　　　　　　　　　　　责任印制 / 王美丽

前　言

人类之间的认知与沟通都是通过信息的交换来进行的，信息的本质反映了人类生活的全部内容，表达了人类与自然、社会之间的相互联系。将人们的思想赋予丰富的形态，需要两种最基本的介质，即语言与文字，而书籍是这两种基本介质的代表。通过这两种介质，信息世代传递。书籍设计的内在核心价值在变迁中也发生了深刻的变化。随着人类社会多次科技革命的发生，传递信息的载体也在相应改变。

作为信息载体之一的书籍的形态，在今天发生了前所未有的变化。尤其是媒介的扩充和媒体的涌现，使人类的视觉经验受到空前的挑战。然而，正是这样的方式奠定了文明的进化。基于这样的前提，本书对书籍形态进行了深入的研究，包括对书籍形态多样化存在的现状分析，肯定了纸介书籍以及以数字方式存在的各种阅读载体存在的必要性，并对纸介书籍的审美范式进行了阐述。

首先，海量信息凸显出对信息的拣选、利用的重要性，因此信息的分类及呈现方式也变得越来越重要；随着阅读目的和形式的多样化，导致阅读群体的逐渐细化。

其次，纸介书籍的存在满足了人类的心理和情感的需要。现代社会的人们一直在尝试解决由技术发展所带来的弊端，即技术在使人类生活便捷化的同时，也造成了人类相互间的疏离。纸介书籍的存在具有着重要的意义，它保留了传统的阅读方式，使人类与真实物质最自然地接触，不同于虚拟空间中的所有幻象。这对于人类与自然的联系起着不可估量的作用。

最后，随着人类资源的消耗，全球都进入到一个能源黄色预警期，不可再生的资源如树木、石油等变得更加珍贵，人类在各个领域开始进行可持续发展的战略。从这个宏观的意义而言，如何帮助人们有效率地选择并利用信息，帮助人们在海量文本中进行选择性阅读，成为当代书籍设计师一个重要的任务。

本书引入范式理论为深入研究书籍形态变化的原因提供了一个客观化及多样化的视角。从当代文化活动共同体的意向、技术的进步导致的生活方式的变化，到进一步改变人们阅读的习惯等原因中探讨书籍形态变迁的特征以及未来趋势。尤其以纸介书籍为重点，探讨了这一传统信息载体在新的时代将呈现出的范式变化。书中还对网络时代涌现的多种信息载体特征进行了分析，希望能引发读者思考：阅读的载体——书籍将如何"进化"以适合人类的阅读需要，或者创造出最适于时代的阅读形式？

我们认识到：纸介书籍形态的存在是有意义的，是科学和艺术的统一体；书籍设计的内在观念发生了深刻的变化；阅读方式的变化和书籍形态的变化是相辅相成的，为了适应更加细致的、具体的阅读需求，设计师们必须从文本信息本身进行编辑，设计参与度更加深层次，从信息设计的角度来策划和创造新的书籍风格将变得更有效用和意义；更具有个性化和艺术化的设计语言成为未来纸介书籍设计的趋向。随着物质的极大丰富，人们需要更加启迪智慧和充满情感的设计。

互联网在中国刚兴盛之时，有人已经看到其后几十年网络环境中各种新新媒体将会对人们的生活产生前所未有的影响。如同昔日收音机和电视的出现让 20 世纪的人们心生电视终将取代报纸媒体之虞，同样也会有人担心，在未来，电子书终将代替纸介书籍的形态。1995 年出版的，比尔·盖茨所著的《未来之路》中展示出行进在信息高速公路上的社会将面临的巨变，这本书是我 2002 年撰写硕士论文《书籍：盛载智慧的容器——信息化时代的纸介书籍形态》时的参考书之一。彼时我的母校清华大学美术学院（原中央工艺美术学院）引进了美国艺术设计高校书籍设计艺术家们的课程，生动有趣的纸介书籍形态仿佛为我们打开了一个丰富的纸书世界，如此美丽的世界难道在未来会逐渐淡出媒体的舞台吗？带着这样的疑问，我开始了最初的研究，加之国内有很多书籍设计师前辈对纸介书籍设计的大力推广，让我看到信息时代的设计语言的多元化形态。

本书针对的是热爱书籍和阅读的人、书籍设计师和正在学习平面设计的朋友们。

在博士论文和书籍的撰写过程中，首先要感谢我的导师张乃仁教授，张教授灵活的思维、开阔的视角给了我很多的启迪；感谢我的硕士导师清华大学美术学院的陈雅丹教授，她一直专注于艺术与设计的领域，言传身教，孜孜不倦，给予我很多温暖的鼓励和督促；感谢合作者美国豪尔德学院（Howard Community College）视觉传达设计系甘一飞教授良好的建议与帮助；最后感谢我的丈夫周联一直以来给予的支持与鼓励。

本书的出版得到了北京理工大学"985 工程"国际交流与合作专项资金的资助和国家外国专家局"外国文教专家项目"的大力支持，在此表示衷心的感谢。

作　者

2016 年 9 月 1 日

目　　录

第1章　航行在信息之海中的"船" ·· 001

1.1　知识的容器和信息的载体 ·· 001

1.2　新媒体与书籍研究现状及发展趋势 ······································ 003

　　1.2.1　新媒体的研究概况与发展趋势 ···································· 003

　　1.2.2　书籍形态设计的概况与发展趋势 ································ 006

1.3　国内外书籍设计研究现状及思索 ·· 007

第2章　传统纸介书籍设计中的审美要素 ·································· 010

2.1　书籍的形态与阅读的历史 ·· 010

　　2.1.1　阅读与书籍的意义 ·· 010

　　2.1.2　文明起源于信息的积累与保存——书写的意义 ········ 014

2.2　传统书籍形态的美学范式 ·· 017

　　2.2.1　西方审美观在书籍上的体现 ······································ 017

　　2.2.2　中国传统审美观在书籍设计上的体现 ···················· 020

2.3　影响传统书籍设计之要素 ·· 024

　　2.3.1　地域及人文的因素 ·· 024

　　2.3.2　中国传统文化在图形中的审美意象 ························ 027

2.4　汉字书籍之美学法则 ·· 029

　　2.4.1　汉字中的气韵之美 ·· 029

　　2.4.2　汉字与书写习惯 ·· 030

　　2.4.3　传统纸张之美 ·· 032

第3章　从范式理论角度看书籍设计的变迁 ···························· 036

3.1　范式的概念 ·· 036

　　3.1.1　范式的概念及特征 ·· 036

　　3.1.2　范式的概念运用何处 ·· 037

3.2　书籍设计中范式的转移 ·· 039

3.2.1　书籍形态创造过程中的共同体意向·······················040

3.2.2　书籍设计中美学观的变迁·····························042

3.2.3　书籍新介质——电子媒体的类型及特征·················044

3.3　推动书籍形态变化的因素·····························045

3.4　影响书籍设计美学的因素·····························048

第4章　像素时代我们怎么阅读······························054

4.1　后信息化时代的信息载体·····························054

4.1.1　后信息化时代的生活方式·····························055

4.1.2　后信息化时代的学习模式·····························057

4.1.3　后信息化时代的阅读模式：深阅读与浅阅读·············059

4.2　像素阅读对书籍的影响：纸介书籍存在的必要性·············062

4.2.1　纸介阅读的特征·································062

4.2.2　像素阅读的利与弊·································064

4.3　读图时代的到来：纸介书籍形态的优势·················065

4.3.1　电影语言对书籍设计的影响·························067

4.3.2　纸介书籍外延的拓展·······························073

第5章　当代纸介书籍的形态特征··························076

5.1　创造新的阅读方式·································076

5.1.1　传统阅读的优势·································080

5.1.2　书籍设计与多元阅读的方式·························083

5.2　技术语言与信息的传递·······························088

5.2.1　纸搭建的空间·································090

5.2.2　图与文字的表演·································093

5.2.3　引发互动的装订形式·······························094

5.3　纸介书籍的交互式阅读·······························098

5.3.1　传统阅读与读者的互动·······························100

5.3.2　新的互动模式·································102

5.3.3　新的阅读体验·································109

第6章　当代纸介书籍设计之审美范式··························111

6.1　信息设计观对书籍设计的影响·························111

6.2　现代纸介书籍设计的美学范式体现 ……………………………… 114

　　6.2.1　多元共生之美 …………………………………………………… 114

　　6.2.2　信息物化之美 …………………………………………………… 115

　　6.2.3　符号之美 ………………………………………………………… 119

6.3　回归与物的连接：纸介书籍设计的趋向 ………………………… 122

　　6.3.1　书籍的翻阅与阅读体验 ………………………………………… 122

　　6.3.2　可读性与文本编辑 ……………………………………………… 126

6.4　信息传播与个体语言的表达 ……………………………………… 128

　　6.4.1　个性之美在书籍设计中的重要性 ……………………………… 131

　　6.4.2　艺术之美：高科技时代个体对精神世界的需求 ……………… 132

结论 ………………………………………………………………………… 135

参考文献 ………………………………………………………………… 139

后记 ……………………………………………………………………… 142

第 **1** 章

航行在信息之海中的"船"

1.1 知识的容器和信息的载体

网络时代到来之后，在人类的语言库中派生出无数新词汇，它们均是久远以来形成的人类生活经验的汇总。"信息大爆炸""网上冲浪""海量""检索""网虫"等，都与一个词语紧密相连，这就是"信息"。信息之说并非是全新的发明，它们在文字出现之后，乃至纸张、印刷术和书籍发明之后都有提及，只是早期信息的概念是狭义的，专指具体的音信、信号。媒体及互联网的发展使得众多的"信息"蜂拥而至，信息的概念被扩大至泛指人类社会传播的一切内容。美国数学家诺伯特·维纳在他的《控制论——动物和机器中的通信与控制问题》中认为"信息是我们在适应外部世界、控制外部世界的过程中同外部世界交换的内容的名称。"英国学者阿希贝认为，信息的本性在于事物本身具有变异度。

信息的本质是汇集了人类生活的全部内容，表达了人类与自然、社会之间的相互联系，它作用于精神，但其形式却是物化的，它需要两种最基本的介质，这就是语言和书籍。通过这两种介质，信息世代传递、发展、更新，它诞生于人类社会，与人类思考紧密相关，促进社会的变革。

随着无数次人类社会和科技的革命，无一例外的，传递信息的载体在每个时代都会有所改变。在后信息时代，作为信息的载体之一的书籍的形态也发生了前所未有的转变。首先就是媒体的扩充和新媒体的涌现，人类的视觉经验受到了空前的挑战。然而只要人类的视觉生理机制没有进化到如外星人般的不同凡响，它仍旧决定着人类无法放弃的阅读行为，只是在今天阅读的方式已经悄然发生了变化。阅读的载体不断被丰富，人类的阅读行为仍在继续，如何将阅读进行到底，如何让人类在这个已经变化了的世界上适应空前海量的信息，如何在巨大的信息网络中学习、拣选所需并利用它们呢？这就是本文的研究目的：阅读的载体——书籍将"进化"到何种形式来适应今天人类的阅读需要？

首先，有关信息载体的研究在这个时代会为人类的阅读行为增加助力。后信息时代带来的剧变使人们在日常生活的各方面都发生了相应的变化，随着读者群的划分与定位，阅读的目的和方式也愈加细化。

其次，满足人类心理和情感的需要。在物质得到极大发展的今天，技术看似将人类的生活以倍增的形式便捷化的同时也带来了很多弊端，那就是人类相互间的疏离与信息"垃圾"的生成。这是一个奇怪的现象，互联网使得地球在今天变成了一个村落，地球上的人类相隔天涯却又近在咫尺；网络的介入使人类传统的情感表达形式趋向荒芜。在越来越多的心理问题需要疏导和治疗的现象面前人们开始反思技术的弊端，他们发现真实世界中言语和肢体语言的交流，对于平衡人类身心的健康发展是积极有益的。手捧散发幽默芬芳的纸介书籍，让时间在书页间静静流淌，这传统的阅读方式自多少世纪以来就为人类的思考注入活力，同时安抚和激励着一代又一代人的灵魂。书籍将如何进化以适应人类新的生活方式呢？在网络海量信息中不可避免出现冗余信息，人们将如何取其精华为己所用？在书籍设计中设计师将如何设计以增强信息的有效性？

最后，随着人类资源的消耗，全球进入到一个黄色预警期，电力、能源乃至不可再生的资源如树木、石油等变得更加珍贵。人类在各个领域开始施行可持续发展的战略，从这个宏观的意义而言，如何帮助人们有效率地阅读，成为当代书籍设计师的一个重要任务。

1.2　新媒体与书籍研究现状及发展趋势

1.2.1　新媒体的研究概况与发展趋势

20 世纪中期，欧美的书籍设计师们已经开始系统地研究书籍设计及与之紧密相关的印刷技术等内容。媒体的变化带来了数字图书的兴盛，同时凸显了有关纸质书籍的发展趋势的思考。

以报纸媒介为例。《纽约时报》创刊于 1851 年，是美国最具影响力、发行量最大的报纸之一。在新的时代它坚持相信网络是最大的平台之一，在发行传统的纸介报纸的同时，于 1995 年成立了数字媒体公司，1996 年建立了网站，它运用纸介实体与虚拟网络两个平台使其品牌形象至今仍然屹立在美国报业老大的位置。很多传统出版社正逐渐在原有的平台上辅以网络平台，甚至两个平台分别发挥着不同的作用。

近年来，伴随着经济的高速发展、互联网技术和移动通信技术的提高和普及，国民阅读习惯和环境都发生了明显的变化，中国的数字化出版产业实现了跨越式发展，数字出版模式不断创新，中国正版电子书总量规模世界第一。总结起来在以下几个方面有所体现：

（1）数字出版业的产值空前增高。来自 2014—2015 年中国数字出版产业年度报告显示，2014 年新闻出版项目获中央文化产业发展专项资金支持 21 亿元，其中获得中央文资办支持的数字出版转型升级项目达 77 个，获拨文化产业发展专项资金 6.27 亿元。据中国新闻出版研究院"第十二次全国国民阅读调查"数据显示：2014 年数字化阅读方式（网络在线阅读、手机阅读等）的接触率为 58.1%，较 2013 年的 50.1%上升了 8 个百分点，首次超过了纸介图书阅读率。

（2）中国移动建立了手机阅读基地，很多出版物已经选择了手机发表。今天数字图书已经成为阅读载体之一，世界上各大知名出版机构已经兼容并蓄建立了多渠道、多模式的书籍形态，在完善纸质书籍形态的同时也纳入数字化读物的模式架构，同时在技术推动下不断更新着纸质书籍的设计，从印刷技术到材料表现以及装订工艺的变化充分展示了这一点。目前整个书市中大约有 11% 的市场份额拱手让给了电子书产品，在 2010 年 10 月到 2011 年 1 月的短短数月里，电子书的市场占有率就从 5% 提升到了最高点 13%，增长速度极为迅猛，并且电子书的核心读者购买力要超出纸质书籍。有趣的是，女性比男性更能接受电子书，比例为 66%（2009 年时这个数据不到 49%）。电子书如此受欢迎的原因主要有两个：一个是可以免费看小样，另一个就是相对纸质书籍的低价位和存储的便利性。

中国国家图书馆在 2003—2007 年间建立了数字图书馆。它是建立在高新技术基础上的，集信息化、智能化为一体的，以可持续发展为目标的项目。它是以不局限于图书馆场所的社会化、专业化、个性化的信息共享的基础设施，是数字信息的一种有效组织与提供方式，具有信息存储量大、检索速度快、自由跨库查询等特点。人们在任何时间、任何地点通过网络都可以获取所需信息，极大地拓展了图书馆的服务外延，使之成为跨越时空限制的网上知识库和信息服务基地。

尽管如此，纸质书籍的阅读仍然占有主要优势。纸质书籍，也称纸媒介书籍，相对于电子书而言，在本书中强调其作为载体介质的作用，因此也被称为"纸介书籍"。在网络日益普及、网络资讯极大丰富、报刊书籍资料逐步数字化的今天，年轻人泡在网上的时间越来越长，甚至产生了网络依赖，有人担心读者会更多地趋向于网上在线阅读，这成为调查的关注点。而调查结果显示，虽然上网阅读的人数在不断增多，但相比之下纸质阅读仍更受读者欢迎。阅读习惯调查中发现，上网浏览书籍的读者占被调查者的 58%，而不选择上网浏览的读者仅占 21%；在阅读方式调查中发现，喜爱纸质阅读的读者高达 93%，占据了绝对优势，而喜欢网上阅读的人只占 5%。看来读者还是更为喜爱传统的阅读方式，一卷书在手、墨香四溢、品茗赏文、风雅其中，所以有些被访者会风趣地说："读书还是要有读书的样子。"

科学调查显示，电子液晶屏对视力的伤害是毋庸置疑的。据统计，由于长时间使用电脑，全球有 57% 的平面设计和程序开发人员双眼视力不佳，这主要是因为受到显示器辐射造成的伤害。德国权威机构一项调查显示，虽然液晶显示屏比普通显示屏的辐射小得多，但因为它的亮度过高，反而更容易使我们的眼睛变得疲倦，甚至可能引起头痛等症状[1]。尤其是生长发育中的青少年，持续长时间地看手机和计算机以及电视等对他们的伤害会更大；纸介书籍的阅读更安全且有利于身心的发展。自然的、可随时转换的阅读姿势，有着适宜亮度的柔和纸张，为阅读者的视力提供了温和的适应度。这些调查内容令人们相信对纸质书籍的需求是一直存在的。

纸质阅读不仅是一种阅读方式，其中更包含着文化气韵，这是千百年来传承下来的阅读文化。至少在可预见的将来，纸介阅读仍是阅读的主要方式。

书籍是信息的载体、承载知识的容器。虽然信息自古就有，但人类真正深刻地研究信息的本质和形式是从 20 世纪 70 年代开始的，英国的平面设计师特格拉姆首次提出了信息设计一说。信息设计最早是从属于平面设计的一个子集，特格拉姆提出的信息设计概念，已经将信息仅仅是如何从美学上进行表现提升到了"有效能的信息传达"方式上。到了80 年代，信息设计逐渐涉及文本类信息内容和语言领域，因此在设计过程中就尝试加入更多的用户测试，这改变了信息设计在平面设计中较为单一的层面，使信息的属性发生了质的飞跃。

基于这样的观点，人们将媒介和信息划分类别，并根据信息的属性和商业社会的需要完善各类媒介的特质，信息划分以及人类对于信息的使用也会日渐具体。因此无论是传统媒介抑或是新媒介都会演变得更具特性和功能性，满足各类读者群及社会分工的需要。

进入 21 世纪之后，整个地球处于能源消耗的半衰期。众所周知，各学科领域都在发起有关可持续发展的议题，几乎涵盖各个领域的研究趋势，从能源消耗的角度看，水、电、煤都属于不可再生资源，可见人类在未来要面对的麻烦并不少。尤其电力是消耗其他能源生产的基本能源，虽然很多国家已经运用了风力发电等来自自然动力的协助，节约了依靠水利等进行的发电活动，但是中国近年对电力的消耗位居世界第二，仅次于美国，并且中国能源消耗很大，人均产值却很低，为了提高生产效率，节约能源成本，节约用电成为遍及世界的呼吁之一。很多阅读器、手机、平板电脑等都需要用电支撑，在这一方面，纸质书籍的方便是无法比拟的。尤其是再生纸的生产技术日益成熟，使珍贵的原生材料也可得到重复利用。不得不承认纸介书籍是多少世纪以来最经典的阅读载体，无论是古老的蒸汽时代还是轰轰烈烈的信息时代，人类仍是习惯于保持经典的阅读姿态，最终愿意选择跟随社会发展的脚步之余，优雅而安静地阅读、生活和工作。

1.2.2　书籍形态设计的概况与发展趋势

费德勒认为：认识到人类传播系统事实上是一个复杂的有适应性的系统，我们就能看见所有形式的媒介都生活在一个动态的、互相依赖的宇宙中。当外部压力产生，新技术革命被引入以后，传播的每一种形式都会受到系统内部自然发生的自组织过程的影响[2]。

任何时代的书籍形态跟技术的发展都是分不开的。书籍形态的美虽然呈现于外，由人的感官所认知，但是形式终归是来自内在规律的外在呈现。在《设计之美》中，罗伯特·克雷在谈及建筑之美的时候说道："这些毫无美感的变量参数又一次在没有任何艺术干预下创造出了唯美的外形。"这充分说明了美虽然作用于外在，但形成于内在的科学结构[3]。

有关书籍之美的概念在 20 世纪 30 年代受限于当时的文化背景，在新文化运动下，虽然外来的文化思潮开始波及中国的文化、艺术界，但那时候对于"书籍装帧"的概念还只是停留在外观即书籍的封面。由于时代的局限性，包括技术所能达到的程度，人们对于版式的理解还是比较粗浅的，更不用说形成整体的书籍设计概念。封面的设计仅仅是为了起到美化和区别书籍内容的作用。那时候还没有专门的设计师来完成这样的工作，这个工作几乎都由艺术家来承担，而艺术家们也多是创造出一些契合文本内容的图形。在 20 世纪 20 年代的中国涌现出一批本土艺术家作为书籍装帧的设计师，将西方的图形艺术引入到中国的书籍设计中，图 1.1 就是著名的艺术家陶元庆先生为谢冰季所著《幻醉及其他》所设计的封面。

纵观中国书籍形态发展的历史来看，古代的人们在书籍设计上没有忽略其他功能性，丘陵先生在他的《书籍装帧艺术简史》中提到："从我国古代书籍的装帧艺术中可以看到，装帧的美观是与翻阅、流传、保存、避蠹等经济实用的目的相统一的。"[4]从改革开放以来直至 20 世纪末，书籍装帧设计的理念在缓慢地进行转变，随着国际化交流在各行各业的展开，国外优美的书籍设计被引进到国内，人们开阔了眼界，再加之国内资深的书籍设计师在国外先进的印刷技术和设计理念的影响下开始将书籍整体设计观引进到中国。在国内书籍艺术家的引荐并身体力行的实践下，书籍设计的概念得到了多元化的发展，书籍设计是技术与艺术的结合，这样的观点开始令年轻的书籍设计师们深入思考并创新。在新的技术引导下，设计师们巧妙地借助新科技的成果，

▶ 图 1.1　五四时期的书籍

图片来源：楼德名.书衣百影［M］.北京：三联出版社，1999

使之与纸张材料、语言等一起为书籍设计增加了新的设计词汇。

1.3　国内外书籍设计研究现状及思索

每年世界上有很多国家，如印刷技术先进的欧洲各国都会有各种平面设计的竞赛，著名的 "最美的书籍" 就是一个重要活动。举办大赛的目的在于从专业领域对图书装帧设计进行讨论，鼓励书籍制作研究，向读者介绍图书艺术方面的知识。除此之外还有很多平面设计的展览不胜枚举，在这些综合性的展览中包含了书籍设计、插图设计、字体设计等与纸质书籍形态紧密相关的内容。

这类设计活动一直致力于纸质书籍设计的最高境界的推广。从 1929年至今，历经了工业时代、后工业化时代、信息时代等，每个时期社会

的发展及科技的进步都会为书籍的设计及出版带来重大影响。这些活动记录了书籍发展的历史，在每个时间段呈现的是世界上最美的书，书籍的形态在这近一个世纪的历史中印证着时代特征以及始终如一对美的追求。无数平面设计师及出版印刷机构都把作品入选此赛事视为行业坐标。

美国艺术设计院校里大都设有各种研究书籍设计及印刷的机构，其中哥伦比亚大学的书籍中心与纸张艺术中心较为著名，它是一个关于书籍形态设计及手工制纸的继承与创新的研究机构。该中心拥有设备齐全的印刷及制纸的实验室，有精良的设备与富有经验的书籍、装订设计的教师，研究中心的课程涵盖了书籍设计及装订的传统手工艺与现代技术的实践与研究，鼓励来自世界各地的艺术家们进行探索与实验。每年研究机构会举办大量的作品展览，它们是书籍艺术家们的灵感与精湛技术的汇总，为纸质书籍的发展起到了很好的实验与探索的作用，同时中心鼓励教授们每年在世界各地的设计院校进行教学与交流，将实验性的成果与新概念传递给世界各地的同行们。

近年来，在数字媒体迅猛发展的同时，中国书籍设计呈现出了新的面貌。"世界最美的书"在中国的影响持久深入，从 20 世纪末开始，除了各类出版机构之外，中国开始出现私人的书籍设计工作室。这些工作室的出现在某种程度上也推动了纸介书籍设计的发展，但是所形成的主流设计风格对社会乃至设计教育界的影响存在着争议。

此外随着某些网络书籍设计室的诞生，多元化设计风格正悄然形成，它将热爱书籍设计的人们集结在一起，共同探索手工书及手工纸制作的技术。网络上的各种虚拟社区活动中很多以"热爱阅读""手工印刷""纸张爱好者"等为名的小组比比皆是，这些处在数字时代的人们以空前的热情和科学精神为探索书籍设计的多样化提供了很多实践与证明。

国内于 2003 年由上海市新闻出版局推出了"中国最美的书"竞赛活动，鼓励国内出版社推出新的设计理念的书籍设计。将艺术性与科学性融为一体的设计方针，在推动纸介书籍设计的方向上也起到了积极的作用。设计师在书籍设计中关注严谨的科学性以及艺术性的结合，同时相关的理论也在各种媒体中可以看到，为书籍设计的发展提供了很多基础理论。

第 1 章 航行在信息之海中的"船"

在这些进步的背后仍旧存在很多值得深入思考的问题，例如有关纸介书籍设计的适度原则应落脚于何处？丰富的材料和技术导向了另一个与其功能相悖的极端，过度化设计的现象不仅没有遏制，在某种程度上反而受到鼓励。书籍设计中关于书籍功能以及书籍设计的易读性和可读性应始终围绕读者展开，笔者在国外参观"世界上最美的书"原展中体会到优秀的书籍设计是全方位的，是严谨而细致的，很多获奖的书籍设计极具控制力，因而呈现出含蓄内敛的特质，甚至是质朴的。其中设计师对章节中担任不同角色的字体、字号有着深入细致的安排，同时体会到成功的书籍设计不仅仅彰显设计师的构想，更多时候归功于其对印刷质量的把握。在"世界上最美的书"的设计中看到的是一个集体智慧的结晶，书籍设计的种类极其丰富，不仅是人文类的，还有很多获奖作品是专业的应用科学类书籍，如医学类和化学类书籍等，设计师在其中颇有力度地灌注了具有艺术化的设计风格，但并不会将艺术感变成阅读的阻碍，也不会因为其专业性而减少设计的美感，相反，设计的样式却有助于读者理解和阅读书中专业性的内容。

跟随时代的步伐，国内外各大出版机构先后在传统出版平台的基础上建立了数字出版平台，这一趋势表明两种手段并非是相互矛盾或替代的，而是相互补充、各取所长。纸质书籍更加注重多重感觉通道对阅读的认知以及对满足心理需求的可能性，在由材料引发的触觉上补充了视觉之外的心理感受层次，纸介书籍的特性更加清晰。

北美媒介评论家之一莱文森（1947— ）认为人始终是驾驭媒介的主人，而他的老师麦克卢汉则持不同的观点。在麦克卢汉看来网络时代的到来使得媒介的力量越来越强大，信息即媒介，人类受到媒介的控制，世人曾将麦克卢汉的观点称为"媒介决定论"。而在莱文森看来，一切媒介的缺点都是可以补救的；媒介的演化服从人的理性，有无穷的发展潜力，媒介自然也会日趋完美；他认为人具有很强的主观能动性：人既然发明了媒介，就有办法扬其长而避其短[2]。

信息媒介的多元化是未来的趋势，并非是取而代之的替换式。当今的生活方式决定了人们更加个性化的需求，这种需求体现在方方面面，当然更体现在人们学习和阅读的方式上。

第**2**章

传统纸介书籍设计中的审美要素

2.1　书籍的形态与阅读的历史

2.1.1　阅读与书籍的意义

　　书籍是人类文明进程中诸多的外相显现之一，它无疑是最重要的一种传播文明的载体。从社会发展的过程来看，书籍形态的发展必然受生产力发展的影响，因为科学技术是推动人类进步的主要力量。虽然技术层面是历史学家最易于考察的一个因素，但影响书籍形态发展的因素，并非只有单一的技术原因，而还有若干其他因素，包括政治因素、宗教因素等社会形态造成的影响，当然也包括阅读方式。

　　书籍的出现与人类阅读的历史紧密相关，从人类诞生之日起就注定了一切文明的进步都建立在延伸人类感官功能的基础上。书籍是思维的延伸；一切工具是手的延伸；交通工具是人类足的延伸，或者是人类假想中翅膀的延伸。我们通过眼、耳、鼻、舌、身、意来认识世界，阅读是建立在观看的基础上的。

　　阅读的载体从远古时代就开始了，人类会利用岩画记录自己的生活，在群体中进行交流。斗转星移，载体一再改变，岩壁上的图形和原始的文字符号转移到了埃及的莎草纸上，从龟甲转移到了竹简、丝帛上。

　　中国的甲骨文（图2.1）体现出国君管理国家的一种方式。它的目的最早并非是为了大众阅读，而是一种符号的媒介，这一媒介背后是原始占卜学。巫师通过解读这个符号协助国君对国家江山社稷的命运进行管理和把握。如果要从最早的书籍形态的角度来解读这一"阅读"的姿态，那么它无疑是一种带有等级阶层的"阅读"，是一种统治特权带有对控制人间的神祇所表现出特有的敬畏心的"阅读"。

殷商时期的钟鼎文字体现出皇帝对臣子或奴隶的管理，其特殊的载体——青铜器是安民保国以扬声威的符号。在公元前 9 世纪西周宣王时期的大型铜器虢季子白盘上的铭文与底部 8 行共 111 字记载了虢季子白率军对狁作战，斩敌首 500 人，俘虏 50 人，战后献馘，周宣王宴飨虢季子白，并赏赐马、弓矢、钺以资勉励的经过。其文辞优美，虢季子白盘在这里是一种礼器，铭刻于上的文字更多地起着记载和纪念的意义，而非时时有人将之抬起并仰脸阅读。从这一角度来说，信息记载的意义更加大于书籍这个概念的意义。

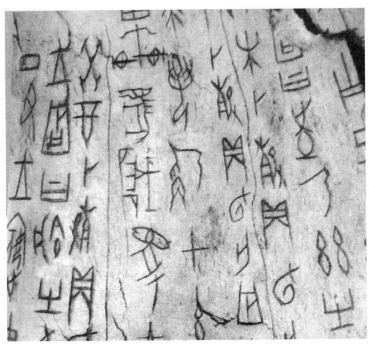

▶　图 2.1　甲骨文

图片来源：杨永德. 中国书籍装帧 4000 年艺术史［M］. 北京：中国青年出版社，2013

从殷商、战国时期的青铜时代到后来的汉画像砖时代，历史是记载在青铜、石碑等这样具有永久性质、粗大不易移动的载体上的，中国历史博物馆保存有公元前 209 年的琅琊石刻，以称为石鼓文即大篆的字体镌刻着王孙贵族的狩猎诗歌。而汉代画像砖多记载着巫道之人驱邪避瘟、保护亡灵的文字，以及佛教经卷的文字，画像砖与建筑紧密结合，成为建筑的一个部分，具有装饰和纪念的意义。公元 175 年汉灵帝在位时期开始，在洛阳太学堂前立有高一丈、宽四尺的七经碑，以隶书所制一字石经。

石刻的故事与经文因其特殊的形式只能供人观摩和抄录，除此之外人们会以拓印的办法将文字复制下来，这为后来形成的印刷术奠定了基础。我们可以在这个形式中看到未来书籍形成的一些发端。

在这一形态转换的过程中，这些记录和表达思想的方式就是为人类阅读所提供的一个载体，人类的阅读发生了一系列的变化，主要体现在以下几点：

阅读载体的变化将人类可安静进行阅读的时间相应延长。从视觉阅读的角度来看，洞穴岩壁上的阅读是即时性的短时阅读，有限的符号按照时间线以高度概括的形式将狩猎活动的成果、日常生活面临的警示生动直观地表现出来，作为社会性的人通过观看来进行思想的沟通。2013 年梦工厂制作的动画大片《疯狂原始人》，采用这个时代最时尚的技术——三维动画，将人类文明发展的进程以娱乐的方式展现出来了。原始人最初的表达方式就是用岩画记录日常的生活，最初的人们是倾听和观看，在倾听结束的时候，观看并思考，岩画正是起到了最初的阅读作用。有趣的是，随着文明的进步，高科技带来的电子阅读产品使人们阅读的时间比纸介书籍的辉煌时期有所减少，但这并不表示人们对知识的摄取减少了，而是转换和拓展了获取知识的方式。

中国的简牍制度历时很多年，一直沿用到纸的发明以前。简牍以竹而制，长至三尺，短则五寸，单片为简，以丝或者皮绳串成册，其上点漆而书。《内史》称"凡命诸侯及孤卿大夫，则策命之"；《隐公十一年》传中称："灭不告败，克不告胜，不书于册。"由此可见简牍在公元前 6 世纪是帝王的书写工具。简牍因其特性卷装成册，厚重难以移动，但是与石碑相比已经胜出许多，文人士大夫们可以坐下细细读之，也更加呈现出具有私人收藏存放的特性，每片字数少则数字多则三四十字，十万字的简牍之书在当时需要数十车相载[5]。

当丝帛逐渐取代竹简，装帧进化到蝴蝶装和旋风装。以此形态可以看到，其革命性不亚于今天的移动 U 盘的 Meg 革命，使文字存储的数量骤然增加，渐轻渐薄的趋向使书籍的存放容量增大，收藏和移动更为便捷。

阅读的空间由纪念碑式的建筑体转换到了屋内书屋，可使牛、羊或马车装载移动。在历史的传说和典籍中可常见中国的文化圣人老子坐骑于大青牛之上，牛背上驮着竹简的书册，书童相伴，悠闲阅读的姿态。《列仙传》记老子出关曰："后周德衰，乃乘青牛车去。入大秦，过西关。关令尹喜待而迎之，知真人也。乃强使著书，作《道德经》上下二卷。"（清文渊阁《四库全书》本）又云："老子西游，关令尹喜望见有紫气浮关，而老子果乘青牛而过也。"这一画面成为中国文人心目中的一个经典的符号，象征着中华文化的传播者和权威[6]。

纸张的发明使书籍形态倾向于稳定，纸张的特性确定了装订的某些模式，因而固定并沿用至今，比如线装书至今仍在使用。随着阅读成为人类文明的重要形式，历史上便留下了人类从容淡定的阅读史。人们开始体会到与书相伴的乐趣，在精神上获得了更多的提升与满足。冬夜围炉而读，茶氲袅袅；夏夜红袖添香，书童静默打扇，定格下了数千年来读书人的优雅姿态，也成为当时很多年轻学子追求的情景和状态。

从中国古代沿袭下来的官本位思想来看，寒门苦读是众多普通文化人成为人中翘楚的唯一通道。上自皇帝下至臣子、衙役，都被纳入到一个严格的管理秩序中，尊崇着君臣父子之纲，以纲常人伦来管理着整个封建时代的中国。《增广贤文》曾说："欲昌和顺须为善，要振家声在读书。"在等级森严的封建阶级中，很多学士文人就是通过科举考试一跃龙门。《论语》曾说："富与贵是人之所欲也，不以其道得之，不处也。"孔子力主读书人应效力于国家，并肯定了追求功名的合理性。而"仁政"是儒家的最高政治理想，学而优则仕是读书人的目标与使命[7]。

书籍形态决定了阅读和传播的行为模式，决定了阅读与书籍的意义。

最早的阅读模式由特权小众开始，随之变成大众的行为，期间经历的是千年的跨度，社会形态由原始社会、奴隶社会、封建社会跨越到资本主义的工业化社会，直至今天成熟和文明的现代社会。阅读变成了相对大众的行为模式，并在一定历史阶段形成一种由低等阶层走向高等阶层的途径。科举制度的发明将阅读的意义提升到了最大化，使其不仅仅是学习知识、传播信息的途径，更是一种更改人生轨迹的重要手段，这个手段似乎超越了社会形态的影响，直至今天仍然是改变人生历程的重要途径之一。五子登科、马上封侯、鲤鱼跃龙门等民间的说法就是对自古以来改变人生举重若轻的科举制度生动描述。

今天改变命运的手段也已经多元化，但是通过读书改变人自身的素质、建立自我的知识体系，以更适应社会无疑始终得到人们的认同。书籍的出现将人类从群体相处中又暂时分离出来，而与书籍独处。没有什么比阅读更能展现人类的独立性与群体性的融合，可以这样来理解阅读的符号化意义：人类在书籍中独立思考，再回归于群体中将思考的内容谱释并作用于人类的各项制度，进而规划和影响着人类的生存模式与社会制度。

2.1.2 文明起源于信息的积累与保存——书写的意义

文字与文字的载体是难以分开的，在探讨书写的历史中，我们可以看到正是书写的欲望促使人类不断更新书写的载体，伴随着文明的进步，人类需要思考和交流的内容越来越丰富，而这些承载思想的介质也必然随之进化。人类书写的欲望是伴随着语言的出现逐渐产生的，书写的欲望预示着人类的两个特点：分享思想和交流的愿望。正所谓"无以传其意故有书；无有见其形，故有画"，因为想要表达意义，故而开始了书写的历史。

作为具有创造力的高级动物，人类不断在发明中完善生活模式，提升生活质量。而在这一过程中，没有什么比获得同类的认可和可以倾诉交流更为重要的了。从马斯洛的需求层次理论可以看到，这是符合人类进化过程中的心理特征的。社会进步到较高层次，情感的需求以及自我实现的需求需要以一个群体的评判为基准线。获得群体成员的接纳、理解和肯定是成员追求的目标，至少在最初的动机中是这样的；每个人都有着与众不同的禀赋，作为个体而言正是在抽象的人的概念中所呈现的特殊性，这个特殊性是我们在人类发展历程中呈现出多姿多彩的面貌之所在。

表达与分享是人类固有的特征之一。"书写是声音的图画"，法国哲学家伏尔泰曾经这样说。从历史上来看，全世界曾经有三个重要的开启真正意义上的"书写"时代的领域，它们是亚非（两河流域、埃及和黎凡特及其衍生文字）、东亚和美洲，这三大传统都可能来自共同的苏美尔源头。最早界定完整的书写语音功能的就是公元前 4000—前 3500 年的两河流域的人们。幼发拉底河和底格里斯河中每年的河水涨落将沿岸的泥土变成平滑而具有质感的书写"界面"，而芦苇的尖端在泥板上留下的富于质感的无意识符号很快启迪了两河流域的人们发明出一套完整的文字系统——楔形文字。再经由"刺激扩散"，启发了近邻们创造类似的文字系统。

虽然法国的历史学家马丹认为："文明创造了书写，书写与文明息息相关，所有的书写无不反映特定文明的思考方式。"然而更多的学者们认为构成文明的基础并非完全是自主的思考方式，所有的书写离不开编造和借鉴的过程，这就是中国历史传说中一再提到的仓颉造字的动机：来自大自然的影响。

在马斯洛的需求理论中，生理需要、安全需要、情感需要都属于较低层次的需要。在进化完备的人类情感系统中，获得尊重和自我价值的实现乃是文明程度较高的社会群体中人所追求的目标。前面三种需要人们可以通过内部因素获得满足；作为更高级别的需求，对尊重的需求和自我实现的需求则必得通过群体成员的协助方可完成，它建立在理解、认同、接受和赞赏等心理机制的基础上，是群体成员共同反馈的，而且这种需求是没有止境的，这也是社会不断进步的原因。每一个个体不断追求自身价值的过程也是为社会的文明进行积累的过程。

这一点说明了分享的重要性，人的社会性促使个体成员需要有与其他成员分享的必要和欲望。距今 1 万~2 万年历史的西班牙阿尔塔米拉洞窟中的壁画栩栩如生，描画出了野牛、山羊、赤鹿等动物逼真的神态和身姿。在满足温饱之余，即便是在万年以前的人类也会以某种方式开始书写和描绘，它是一种记忆、经验和情感的流露，是一种获得同伴认可以及进行交流的、本能驱使的表述。我们可以想象人类是如何开始在进化过程中一步一步完成自我价值的实现的。居住在洞穴中的一家人每天过着日出而作日落而息的日子，与大自然的其他动物争夺食物，其中较为弱小的动物在与人类的伴生状态中被培养成了宠物。洞穴中的家长是管理者，他将每日的见闻、经历以故事叙述给家庭成员听，同时以矿物颜料进行书画以此留下了最初的印记，这些故事就是这样世代流传，这一过程就是人类文明被记载和流传的象征化表现。

分享的不仅是满足生理需要的食物和水，更是思想和精神上的东西。这就是所有文明的发端和进化所凭借的动机。

有分享的欲望就必然促使交流的产生，促使有关交流手段的发明。言辞语言和肢体语言是人类本能的交流方式，当信息逐渐复杂，交流已经不能满足人类日渐复杂的心理需求和社会需求，这就促使了图形或者文字的产生及应用。人类从岩画开始了文字符号的创造。社会的进化表明了群体成员的增多，分工群体的复杂性逐渐产生管理职能。这一过程必然导致信息的积累，可以说文明起源于信息的积累与储藏。文字系统的逐渐形成，有了固定的语法及规则，在成为一个特定符号系统的基础上便具备了流传的可能性。

来自符号学的理论认为，人类的交流分为三个阶段。第一阶段是人与大自然直接交流的过程，这个时期形成了语言，简单的音节可直接等同于自然表征物，是人类开始了解自身生存环境的阶段，是原始手工业阶段，是利用原材料制作工具和基本器具的阶段。第二阶段是语言符号系统的完善阶段，在这个阶段符号系统中每个个体符号都从属于整个语言系统，符号之间也已经具备意义衍生的功能；人类通过符号与自然交流，自然科学如天文、物理、数学等在这个时期开始兴盛，每个领域都发展了一套完备的语言体系，这是漫长的工业化阶段；人类已经步入文明，开始探索人类自身、探索人类何以了解世界的本源，这个时期的产品是大工业化产品，以原材料进行加工再通过大生产。第三阶段，人类开始了符号时代，人不再直接与自然进行交流，而是通过符号作为介质再进行交流；交流存在于符号与符号之间，符号衍生出新的符号，以符号来解释符号。随着人类对自身的进一步了解，人类文明进入到新的层面，开始自由表达对世界的看法。这个时期生产技术已经达到了前所未有的先进程度，各类复合类新兴材料开始出现，这也是多元化语言表述的时代。

人类整个文明的进程就是一个交流进化的过程，是简单交流向复合与多元化交流方式进化的历史。在这一过程中我们看到交流的载体——书籍成为一个符号，无论是它的前身：贝叶、莎草纸等，还是它的今世：幻化成大大小小的液晶屏，文字不再是散发油墨香味的物质，而是液晶屏上闪烁的 LED 光源。

我们已经超越了信息化时代，因此，信息和图像在电子复制当中都很容易在网上获得。电子复制的形式，使业余艺术家们的原作得到扩散和面世，作为主流体制的艺术界的垄断地位已经被打破。在艺术史的领域，当代艺术家们与点击量、公认和销售在竞争，艺术品在网络上的销售自从 20 世纪 90 年代开始戏剧性地增长。不仅仅是艺术品，书籍作为一种商品也是如此，电子复制版或者纸介形态的都能在网上得到交易。网络的交易信息反而促使纸介书籍的销售量增加，因为可以看见文本的内容介绍、图片显示等，这在以前是必须亲临现场才可以作出决定的[8]。书籍在悄悄地演变，无论是纸介还是数字的形态，都表明书籍正是这样一个历久弥新的信息交流和情感交流的载体，同时书写的需要始终伴随着人类文明的进程。人类对于书写的载体——书籍的审美意向在今天受到了挑战，对于书籍的审美标准和态度发生了变化，对待文字和图像的方式也必然改变，这意味着符号系统的更新与进化，正如伊马布所说："这些都给予书籍设计一个崭新的推动力。"

2.2 传统书籍形态的美学范式

2.2.1 西方审美观在书籍上的体现

西方的宗教和美学必然受到当时的哲学思潮的影响，国内外很多学者将西方哲学归纳为三个阶段，它们分别是本体论、认识论和语言学阶段。这三个阶段跨越了几千年的时间长河，经历了无数的朝代更替。

古希腊的美学被称为本体论美学。从一开始西方哲学就始于对"存在"的探讨，其美学也是诞生于此，"秩序、匀称与明确"是这一时期美学强调的标准。亚里士多德本体论美学的思想中揭示了美作为事物的本体和原始本体的形式主要呈现为秩序、匀称和明确。此观点奠定了西方后世美学的基础，在西方的建筑和雕塑中得到了充分展示。

西方进入到 17 世纪之后，自然科学迅速发展，在这一阶段已经展示出人性的光辉，中世纪的神性开始隐退，人性开始战胜了神性，人的理性获得了解放。此阶段的美学特征是认识论美学，强调从主客体的认识关系中来把握美，笛卡儿认为："所谓美和愉快的都不过是我们的判断和对象之间的一种关系。"此时期的审美判断和标准尺度都以理性的立场作为出发点，充满了理性主义精神。通过巴洛克或是洛可可时期的建筑能看出围绕着多重几何体进行的精致与繁复的装饰，其结构严密，在装饰中强调科学性、对称原则及黄金比例是其基调。在文艺诗歌中也是如此，以法国理性主义美学的代表布洛瓦为例，他在《诗的艺术》中认为文艺创作首推理性为最高准绳，他认为艺术模仿自然实际是首先模仿理性，才符合真的标准，唯有真才能体现美[9]。

西方哲学的第三个阶段始于 20 世纪的语言学阶段，语言作为思想的表达和传达媒介在此时期受到重视。符号学在此时期成为哲学方法论的重要研究内容，各个领域的语言系统虽然在形式上不尽相同，但是在宏观的语言学源头还是有着千丝万缕的联系。尤其是在符号学发展的后期，皮尔士以其对心理认知角度的探索，从索绪尔符号观符号的二元性中脱离出来了，并形成他的符号学三元论，将解释者作为一个重要因素纳入到符号学中，由此强调了符号的形式与意义是与人的心理认知分不开的。在美学上的体现便是对各种语言形式的探索，这个阶段探索的就是人们将如何描述他们所认知的世界。

西方设计史中包豪斯的理念对各领域的设计都有着至深的影响，在包豪斯看来，它所主张的是艺术与设计的新统一；强调设计的目的是人而不是产品；认为设计必须遵循自然与客观的法则进行[10]。虽然这一理念是在包豪斯时期提出的，但实际上它已经涵盖了整个西方设计的理性主义和人文主义思想的根本特征。

　　自约翰内斯·古登堡（Johannes Gensfleisch zur Laden zum Gutenberg）发明了印刷机以来，欧洲的印刷技术突飞猛进，在书籍设计的历史上发生了质的飞跃。在西方美学中对于秩序和对称美感的追求体现在书籍的整体设计中的每个方面。书籍整体设计的概念在 20 世纪 50 年代的德国就开始形成了，德国的设计师们认为书籍的完整性在传统的书籍设计中是最重要的原则，书籍设计中各方面都要服从于这个原则，只有所有部分的和谐一致才能产生书籍的"和谐"。封面设计、版面设计、插图设计、字体的选择、材料的运用等要素在那个时代就已经成为书籍设计师们整体考虑的要素。在他们秉持的设计原则中，良好的易读性甚至超过了艺术性，在装饰和设计的科学性之间他们更倾向于后者。他们设计出一套适用于拉丁字母形态特征的版式设计，对于标题、正文以及标注字体的应用是建立在适度的原则上的，虽然力求醒目但是会带着克制的态度去设计。

　　在西方的书籍设计中，来自于理性主义和科学的世界观的传统促使设计师们讲究"对称"与"均衡"的版式效果，无论是古典版式还是网格设计都符合这一原则。

　　这里的对称与均衡，是广义的各元素组合在一起作用于视觉心理平衡的效果。在这一点上发挥了西方的心理学以及认知科学的理论特长，他们的设计是在科学的理性指导下的美学呈现，真正做到了艺术与工学的结合。

　　在整体设计中最能体现西方书籍之美的是两种传统的设计形式。其一是古典版式设计，最早源自 15 世纪的威尼斯人，在古腾堡时代被发扬光大；其二是源自瑞士的巴塞尔以及他的权威教授埃米尔·鲁德尔的网络版式设计，这两种版式在今天依然沿用。

　　所谓的古典版式设计如图 2.2 所示，页面两边的元素呈对称排列。在正文内页建立固定的字距和行距，内页中的装饰花纹也呈对称排列，形成一定的模式。文字的油墨深浅也与所选用的插图的黑白关系有着联系。早期欧洲的古典版式设计是居中的对称式，无论是标题还是副标题，书名、作者名、出版社名称，以及正文页的各级标题及内文都是居中构图方式。古典版式设计具有易读性和朴素的美，其生命力延续到今天依然不减,不仅运用在平面的印刷品设计中,也运用在很多新媒体中,如网络版式和影视作品上——很多好莱坞的电影在最后呈现演、职员名单的时候就是运用这一经典之处在于的对称居中版式,它的经典之处在于永远因其秩序感而便于阅读识别。

这在书籍设计中表现出来的正是这种理性之美和科学之美的结合。西式的书籍设计重版式的秩序和装订的精美,封面为羊皮卷及烫金字、对称均衡的版式是西方传统书籍中常见到的方式。

▶ 图2.2　西式古典羊皮书的设计
图片来源:西方古典书籍——作者自藏

2.2.2　中国传统审美观在书籍设计上的体现

中国的礼乐制度来自西周时期,帝王们为维护自己的统治,兴礼乐以达到尊卑有序、远近和合的统治目的。周公旦所实行的周礼成为贵族各阶层政治生活、道德规范以及各项典章制度的准则,最终形成维护自身统治的教条。中国传统文化的基调来自于此,之后儒家代表人物孔子致力于继承和发展礼乐传统,并赋予其更深刻的内涵。

儒家代表们把秩序的重建与对礼乐传统的精神阐释关联起来,实际上强调了外在秩序中所显现的内在根基正是精神秩序的建立。因此他们强调礼乐须以"仁"为精神内涵,这是以前生活在礼制秩序中的人们远远没有认识到的,正是这一点为一个外在的形式创立了观念内涵,使得周以来实施的礼乐有了更深远的意义。孔子说:"人而不仁,如礼何?人而不仁,如乐何?"可见先秦儒家更为重视的是支持礼制秩序建立和维护的内在精神之人性依据。

《礼记·乐记》中提及："礼乐不可斯须去身，致乐以治心，则易直子谅之心油然生矣。易直子谅之心生则乐，乐则安，安则久，久则天，天则神。天则不言而信，神则不怒而威。致乐以治心者也，致礼以治躬则庄敬，庄敬则严威。心中斯须不和不乐，而鄙诈之心入之矣；外貌斯须不庄不敬，则易慢之心入之矣。故乐也者，动于内者也；礼也者，动于外者也。乐极和，礼极顺，内和而外顺，则民瞻其颜色而弗与争也，望其容貌而民不生易慢焉。故德辉动于内，而民莫不承听；礼发诸外，而民莫不承顺。故曰：致礼乐之道，举而措之天下无难矣。"由此看出礼乐文化并非单纯的政治训诫和统治者的仪轨制度，而是依照天地之自然法则，将人们导向与天地自然之性相符合的、知情意相统一的和谐秩序之境，所谓"大乐与天地同和，大礼与天地同节"。这既是高度理性化的规范秩序，又是高度人性化的意义秩序[11]。

对秩序和礼仪的追求外化于形，使中国人在传统美学上体现为对于形式的追求与创立，这是中国传统美学的基点。

在追求形式的本质上，中国人奉行的是天人合一的思想。古人认为对天地外在的一切表象的认识，都来自内心的体验。庄子在《齐物论》中称："天地与我并生，万物与我为一。"这一观点体现出了天地是万物之本的本源意识以及人对于天地之美的感应与追求。在儒家的思想中，天地人是万物的根本，没有天之本，人无从产生；没有地之本，人无从依托；没有人之本，天地便只是物的世界。天地人的世界从来都是一体的，只有人立于天地中才能体悟自然的力量，情志得以依托；只有天与地方能给予人无尽的灵感，万物静观皆自得。

因此重意境、强调情景交融是中国传统美学的追求目标。在中国传统绘画中的散点透视、虚实处理、计白当黑、意象造型等手段，就是为了最大限度地展现时空镜像而采取的表现手法。这个绘画中的审美标准在书籍设计中也同样得到了体现，它转化成格物以达意。

在庄子为代表的美学思想中"齐物"是最高的美学策略，它以天地宇宙的真实存在和广袤无垠赋予人一种回归精神家园的喜悦和超脱之感。在中国人的心目中没什么比自然之美更为珍贵和值得推崇的了。

东、西方美学思想的异同影响着各自文化艺术的形式法则。西方重科学、重本体物质规律的哲学思辨必然导致他们对技术的追求和对秩序以及对称法则的偏好。东方的重内在情志的感受与外在世界的合二为一的整体美学观必然导致内敛的形式法则。"美在于似与不似之间",长久以来成为中国艺术家们追求的目标。一切均要消除刻意的痕迹,消除过于人为的雕琢(被称为匠气)。

以中国造纸术发明以来的书籍为例,中国传统书籍设计在审美上倾向于内敛、质朴的气质。体现在材质上,正文纸张柔软和有亲和力,书衣(即今日所称的"封面")一般用比正文纸硬而厚的彩纸和绢绫做成,其装饰也仅仅体现在织物中若隐若现的暗纹,再以手写体书名贴于书衣之上,鲜有过多的装饰。这一点与西方的羊皮书不同,羊皮书的封面为经鞣制处理过的羊皮,染色和压印上精美的装饰纹样,相形之下,中国传统的书籍设计体现出了崇尚自然质朴和谦逊的东方美学。

中国的书籍形态发展是较为多变的,尤其是跟西方书籍发展历史相比较。西方的书籍从一开始至今均是左右阅读方式,在 20 世纪的书籍设计师看来,跟 100 年以前的书籍形态相比没有什么大的改变,改变的只是制作书籍的生产方式,而不是书籍本身。例如胶版印刷取代了图版印刷,电子扫描器取代了复制照相技术,电脑操控的数码印刷技术取代了激光照排技术,合成黏合剂或者热熔技术取代了手工锁线装,但是书籍的形式从几十年甚至上百年来看都是一样的。

元代的著名农学家王祯书写了一部《农书》,他采用的就是在北宋毕昇发明的泥活字基础上进行改良新制的木活字印刷工艺。王祯不仅在农业学上成果卓著,更是一位博学多识、颇具才艺的发明家。北宋时期的泥活字印刷技术虽然是一种书籍设计印刷工艺上的跨时代的进步,但由于费工费时,且较为浪费等限制性因素,一直到元代还未得到推广。王祯为了高效地出版农书,设计了转轮排字盘,按音韵写好字贴在木排上,将每个字分开,按照规格将其修理成大小一致的格式,然后放至他设计的转轮木排上,使检字效率大为提高,并减轻了劳动强度。

中国传统的审美观还体现在书籍的版式设计中,中式古书的版式呈现出文字本身的朴素形态,重在引发读者经由文字产生的思考,西方古籍书的版式设计中常见到作为题花的装饰图案,在功能上有助于区分章节之间的内容，这种外显的刻意雕饰在中国传统版式中是看不到的。最早的中国传统书籍形式除了甲骨文和简牍，可以相对轻便地阅读应该是从卷轴装开始的。卷轴装分为卷、轴、飘、带，写好的书页按照前后顺序装裱成长幅，再以木或象牙、玉石等材料做轴，卷成一束以飘带系之。唐代在卷轴装的基础上设计出旋风装，外表跟长卷类似，增加了重叠的内页，如同鱼鳞般排列，也称"龙鳞装"。直到包背装形成了中国册页制度的开始，之后在明清开创了线装书的形式，如图 2.3 所示。它以自上而下阅读的形式一直保存下来的，这使得书籍设计具有特殊的美感，线条成为重要的装饰，辅以特有的线框来提示版心，版心设计得比较窄，因古人有批阅、圈点的习惯，故天头地脚留白比较多，其中鱼尾与黑口的设计更重要的作用是引导读者阅读，而不仅仅是起到装饰的作用。

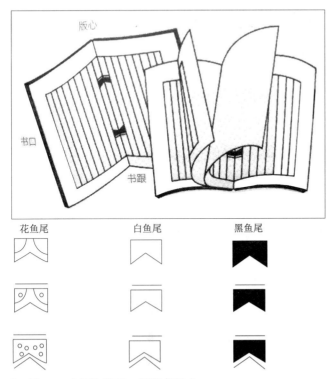

▶　图 2.3　鱼尾与黑口：线装书版式

图片来源：杨永德. 中国书籍装帧 4000 年艺术史［M］. 北京：中国青年出版社，2013

清新、朴素与淡雅是传统装帧风格的特征。

在新文化运动之后，中国的线装书渐渐改革。因为新的时期将西方文化带进了国内，在国内出现了两种文化交融的新气象，此时的书籍引进了很多国外的内容，因此版式上曾出现竖排版与拉丁文的横排版混合的版式。拉丁文因其读音的规律适合横版，而竖版会打乱阅读发音的思维秩序，因此在不得不引用拉丁文的书里，拉丁文只能保持横排版，为了提高工作效率，逐渐以横排版的书代替了竖版书。

1955 年 1 月 1 日，《光明日报》首次把从上到下的竖排版改变为横排版，并刊登文章《为本报改为横排告读者》说："中国文字的横排横写，是发展趋势。"曾有人做过实验：挑选 10 名高三优等生，让他们阅读同一张《中国青年报》上的短文。结果发现横排版的阅读速度是竖排版的 1.345 倍。到 1955 年 11 月，中央级 17 种报纸已有 13 种改为横排。1956 年 1 月 1 日，《人民日报》也改为横排，至此，全国响应。而首次提出将书籍横排的是人民出版社第一副社长叶籁士，在胡愈之、叶圣陶等领导支持下，报请中央批准后，人民出版社试行横排书，并很快在全国推广普及。

虽然从古至今，中式书籍字体的排式发生了重大变化，但对于文字本身形态的修饰和章节之间的装饰纹样仍比西方显得简朴，当然，一方面这是由于西方字母文字与汉字是完全不同的构形体系，另一方面正是东西方审美观的不同形成了这样迥异的风格。

2.3　影响传统书籍设计之要素

2.3.1　地域及人文的因素

影响书籍设计的因素有很多，从微观角度而言，有与设计相关的各种因素，比如图文与色彩的安排、版式与插图的风格等；就宏观角度而言，主要有以下三种因素的影响。

首先是地域的影响。地域及气候的影响会使介质的形态存在很大差异，正如两河流域每年的洪水涨落必然形成平滑细腻的泥土和岸边的芦苇，这又使得楔形文字出现在泥板上成为一种必然，也成为古巴比伦历史上的最初的书的形态。中国曾是最早养殖桑蚕的国度，这必然导致丝绸成为重要介质的契机，无论是服饰还是在以丝帛作为书写载体的形态上得到了体现。印度属于亚热带地域，盛产贝叶——被用作书写经文的载体，成就了以绳子串起的贝叶经书的形态和名称。

其次是文化的影响。中国最早的文字显现于甲骨文之上。上古时期的中国古人认为乌龟是长寿的象征，同时具有神力能预卜未来，与远古传说中的龙、凤、麒麟同为神兽和灵物，《后汉书·王梁传》："玄武水神之名。"李贤注："玄武，北方之神，龟蛇合体。"而在《周礼·春官》中有称为"龟人"的官，掌六龟之属，若有祭祀，则奉龟前往，以示祭祀的隆重；乌龟也是帝王的象征。在上古传说中的大禹治水"玄龟负青泥于后"，女娲补天"断龟足以立四极"，因此在华夏文化中将乌龟作为解危济困、吉祥赐福的神灵化身来崇拜。在汉武帝时代曾以鼋龟铸九鼎，作为国之重器、帝王之位的象征。乌龟在古代还具有财富的象征，在汉武帝时期曾在钱币上铸造龟的图案，龟与贵同音，寓意富贵，由此看出文化对于其载体的重要影响。

最后是来自上层建筑，如政治、人文或宗教的影响。宗教对书籍形态的影响是巨大的，佛教文化由印度传来之后也引进了大量抄录在贝叶上的典籍，以绳穿制的贝叶经给后来的龙鳞装或者旋风装（图 2.4）奠定了基础。

"竹帛烟销帝业虚，关河空锁祖龙居。"这句来自唐朝章碣的诗《焚书坑》正说明了公元前 213 年秦始皇焚书坑儒的历史事件，虽然这一事件说明的是统治者对于文化内容的控制，但在一定意义上也遏制了书籍形式的发展。书籍作为传播文化观念和思想的工具是历代统治阶级掌权的切入点，帝王之谕在某种程度上决定了书籍的形态。在公元前 404 年，东晋的桓玄帝废简用纸，使纸张替代了简牍和帛书，奠定了卷轴装书籍形式的基础。

第一次世界大战以后，法西斯将包豪斯摧毁，大批优秀的书籍装帧设计师和艺术家流散在欧洲，把来自古登堡故乡的、符合阅读功能的设计理念带到了欧洲，在 20 世纪中后期大大提升了欧洲的印刷技术与书籍设计的水平。

▶ 图 2.4　旋风装的书籍设计

图片来源：杨永德. 中国书籍装帧 4000 年艺术史［M］. 北京：中国青年出版社，2013

　　人文因素的影响也是巨大的。人类在进入工业化时代以来，对自然资源的攫取一直持续到现在，对石油、水、矿、木材等资源的需求与日俱增，这一过程持续了几个世纪，一直到现代出现的诸多社会问题才使人们意识到无节制、无计划地开采自然资源将威胁到人类自身的生存。很多环保主义者开始行动起来呼吁保护自然资源，禁止过度开采自然资源——尤其是不可再生资源；动物保护主义者开始呼吁禁止猎杀濒临灭绝的野生动物，因此反对裘皮与象牙制品。正如这样声势浩大的人文观念的影响，必然使生产服装的原料发生改变，很多科学家和原料供应商推出环保材料，以替代动物皮毛，从女人的衣橱中挽救野生动物的生命。同样在书籍印刷所必需的材料中开始制造可再生纸张，以及各类复合原料所制造的纸张，以降低砍伐森林的速度，从各方面减缓对大自然的破坏和压力。这一人文因素深刻地影响了人类的生活方式，影响当然也包含在书籍设计和印刷的过程中，并且这种影响一直到今天还在继续。

可持续发展的战略不仅仅体现在政治、国家制度的管理上，正因其是对自然资源的保护和对后世子孙的责任的考虑，才影响至社会的各个层面，例如现代工业的管理、科学技术领域、商业设计的每个方面等都体现出正在觉醒的人文关怀，对地球的保护就是对人类延续的可能性的挖掘。

上层建筑的影响总是以文化的形式体现出来的，在文化中通常都由象征意义的符号转化成具体的形式。

2.3.2 中国传统文化在图形中的审美意象

东、西方对于图形图像的理解也是不同的，出现在书籍中的插图就充分地体现出了这一点。中国文化中注重图形的象征意义，在古代遗留下的图案、图形中我们都能够看到这一点。其中对图形的描绘成为充满写意和象征的符号，而且与文字有着不可分割的关系，例如由文字的谐音而来的传统图形，莲莲有鱼（年年有余）、马上封侯（猴）、五福捧寿、太平有象等图形中是趋吉避害、吉祥圆满等祈求福祉的愿望的体现。这一文化特性除了体现在民间的衣食住行中，也体现在文学艺术的图形化表达中，在德国科隆东亚艺术博物馆收藏的明代《西厢记》绘本就展示了具有东方魅力的插图，如图 2.5 所示。例如玉环在古代通常用来做男女双方的定情信物，其中一幅插图就是将男女主人公的形象置于相套的一对玉环之中；西厢记中另一幅插图"婚配"描述的就是古代媒妁之言的盲婚形式，在德藏版的插图中别具一格地用傀儡戏来描述父母之命、媒妁之言的封建制度扼杀了年轻人对自由爱情和婚姻的憧憬，充满了中国独特的审美风尚。

在社会发展的过程中，中国传统文化对审美的影响，在保留其独特气质的同时也逐渐融合了西方审美观的特点。西方的图形历史就是一个描摹自然的历史过程，在图形的设计和描绘中包含了对自然界的客观理解，在这一认知过程中，西方哲学家们发现了认知对对象的影响。在"图像要什么"中，米歇尔以一种跨学科的恢宏视野使我们窥见了图像世界的全貌。他在可见的（Visible）与可读的（Readable）之间的互动，提供了非常丰富和极有启发性的思考。米歇尔所认为的图像概念几乎无所不包，既包含图式中的图像，也包括脑中的图像；既涵盖了言语的图像，也包含了视觉的图像。米歇尔提出了图像的家族这一称谓，他认为，图像的家族构成由五个方面组成：第一是图解的，具体而言，包括图画、雕像、图案；第二是视力的，包括镜像、投射；第三是感觉的，包括感觉材料、类型、表象；第四是精神的，包括梦、记忆、观念、模拟幻影；第五是词语的，包括隐喻、描述[12]。

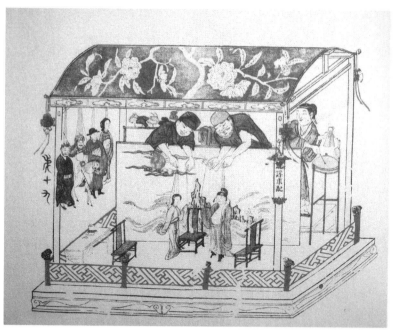

▶ 图 2.5 德藏版《西厢记》插图"婚配"

图片来源：吴昌杰译.［加］阿尔维托·曼古埃尔. 阅读史［M］. 北京：商务印书馆，2002

随着社会条件的变化，现代人对媒介的感知也发生了变化；这个时代的艺术发生了新的转型，相应地美学观也在变动之中。沃尔海姆提出了理解绘画的三个要素，其一是看进（Seeing-in），其二是表现的感觉（Expressive perception），其三是感受视觉愉悦（Visual delight）的能力。

这不仅仅是艺术家的三种能力，观者也要依赖于这些基本能力[13]。在这一点上，奥尔德里奇在 1958 年《哲学评论》杂志上发表的图像空间（Picture space）的核心议题中也提出物理客体的外观形象不会产生变形，但另外，形象仅仅是表面的、被主体投射到对象上面去的，因而都是"感性幻觉"，显然这是一种美学意义上的解释。即使面对同一物体，奥尔德里奇认为，有时它被知觉为物理客体，有时则被知觉为审美客体，具体的情况要视它们得到实现的空间种类来定[14]。一本书籍的设计者和阅读者都必须有这三方面的能力，设计师在看到图像等素材之后，进行思考，然后设计出作品；读者看见设计完成后的成品，要经历和设计师一样的思考过程，虽然是被动的，但是也会与设计师之间产生共鸣，这三种能力在设计师与读者之间的重合度决定了一本书的审美程度。

2.4　汉字书籍之美学法则

2.4.1　汉字中的气韵之美

　　书法与书籍艺术的关系，在于它们追求的韵味、高度和最高准则。书籍艺术的总体设计，首先要有一个统一的美学思想，使其贯穿于一本书的始终，正如书法中的气韵和气势是一个字和一篇字的灵魂一样。中国文字虽是象形字但也不是如实描写，其抽象美不同于其他艺术，这种美不仅在于有筋骨、血肉等看似生理上的特点，而且在于体态、动态、动向、性格、风度、风格等。书籍艺术的总体设计也要抓住这种抽象的性格，这种抽象的性格既要表现在对内容的概括上，也要表现在将书籍内容视觉形式化的艺术概括上[15]。

　　在东方的美学中，重视的是"空间"，空间艺术是一切艺术形式的精髓，无论是在文学形式还是在书画中，对于空白的运用尤为讲究。宗白华先生在谈及传统的美学观中，认为"在庄子的视野里，气始终与气是息息相通的，所谓'气也者，虚而待物者也'。气正因为它自身的空和虚，所以才能容纳物，而这被待之物则是实，这一虚一实，恰恰构成了宇宙生发的节奏。只有当气流动起来，才能无声胜有声，这奠定了华夏民族传统审美的最基本的时空意识。"此虚，非真无有，乃万有之根源，以虚空不毁万物之实。虚，宇也，空间也；动，宙也，时间也[16]。

东、西方文化的差异性从上古时期就开始体现出来了。历史上很多重大的发明和变革在其发展的过程中都经历了各不相同的哲学突破，余英时先生在谈及中国文化时阐述了一个"突破"的概念，他提到："某一民族在文化发展到一定阶段时，对自身在宇宙中的位置于历史上的处境产生了一种系统性、超越性和批判性的反省；通过反省，思想的形态确立了，旧的传统也改变了，整个文化终于进入到一个崭新的、更高的境地。"从他的理论中充分地体现了历史上的变革都来自形而上的意识层面，由上而下、由抽象的意识外化于物质形式。因此，出现在历史上的哲学思潮一定会在文化的各个层面得到体现，尽管中国古代文化形态的突破是温和渐进式的[17]。

2.4.2　汉字与书写习惯

对汉字的美学定位决定了汉字书写的传统方式是由上而下，只有这样才能保证气韵通畅，一挥而就的书写姿态中还贯穿着气韵的流畅和所表达出的气势。在注重汉字审美的前提下，中国古代的书籍设计就不可避免地要体现出这一美学思想。

在中国纸介书籍的发展史上，书籍的设计均与汉字有着极其紧密的联系。书籍作为承载文字符号的介质，表现出了不同的文化气质。几千年的演变中，汉字已经经历了历史性的改变，成为今天的印刷体汉字，这使书籍的形态也相应地发生了很大的变化。然而汉字的谨慎气质却依旧在影响着中国书籍设计的风格面貌，在纳尔逊·古德曼看来，各种来自视觉的安排或者其他方面的信息，通常并不具有恒常的功能，而需要经历不同的变化过程。最终的结论是："一个符号是以不同的方式来获取信息的，正如它拥有一个解释的语境和系统一样。"[18]这充分说明了汉字文化在不同时代的语境中会开出不同的花。

汉字是世界上古老的象形文字之一，迄今保存完好，并随着时间的推移而继续发展，而世界上其他的如埃及象形文字则随着时间的推移已经湮没在历史的尘埃之中了。汉字的象形特征是诉诸视觉的，蒋勋将汉字和西方的字符文字分为视觉文字和听觉文字，并认为它们引导出的思维与行为模式是极大不同的。

　　汉字的结构方式分为上下、左右、包围与半包围结构，在传统的书法中是由上至下的书写习惯，只有这样才能将气韵贯穿到底。书法是人类思维创造与设计活动所产生的特殊艺术门类之一，它虽然不具有自然界任何生物的外部结构和形象，但却具有生命力和这种生命力所表现出来的动态、体态、风度、风格，这一点没有什么比汉字的书法表达得更淋漓尽致的了。从古至今，中国历史上出现了很多书法艺术巨匠，比如王羲之，图 2.6 所示为其书法。彼时代的草书不同于汉代为了速度而设计出的章草，因其加入了大量文人审美的心绪流动，将汉字线条的抑扬顿挫变成书写者心情的飞扬与顿挫，把视觉转换成音乐与舞蹈的节奏姿态[19]。在漫长的历史中，中国人的阅读行为一直受书写方式的影响。中国传统书法都是自上而下一挥而就的，根据书法特征由上而下的方式最能一气呵成、追求气韵之美，并在这一气呵成之中体现出意到笔不到的书之道。这也是怀素之观公孙大娘舞剑能将其气势转变成书法的精髓的原因所在。由此可见中国传统文化的精华气韵之美可幻化成各种形式，贯穿其中，只有透过形式直达本质方可心领神会。

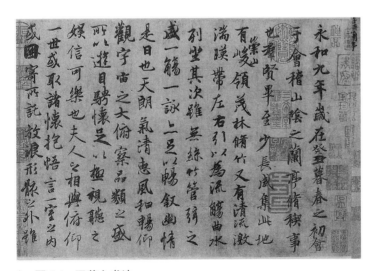

▶　图 2.6　王羲之书法

图片来源：王羲之. 王羲之兰亭序 [M]. 上海：上海书画出版社，2013

2.4.3　传统纸张之美

纸张是制造书籍必不可少的材料，东、西方人们就地取材研制出适合自己地域习惯的用纸。埃及利用尼罗河畔的莎草制造出莎草纸，为人类的书写历史提供了具有革命性的材质。纸张的发明使中国举世闻名，尤其是中国古代人们采用各种制造纸张的方法，有的一直沿用至今，其中不乏很多科学性的方法，具有防虫、光洁、吸水性等特征。今天很多设计院校的书籍与纸张研究中心，都有手工制纸的课程，手工制纸成为设计一本独特的书籍的开始。

在世界各地的造纸史上，大多数采用的是湿法造纸，其原理是以水为介质，首先把纤维分散在水中，然后使其在网上交织，再滤去大量的水，形成湿纸页，最后经过干燥得到纸张。由于技术的进步，现在很多纸张都是用合成材料以机器制成的，其中需要加入大量化学原料使纸张呈现出应该有的特性，保证其平整光滑和亮度的需要。由于现在的纸张多是为印刷机器所准备的，所以很少具有吸湿性。

手工纸与机制纸的区别在于手工纸呈碱性，纸面柔和，质地软而轻，益于使用毛笔书写，吸水性较强；机制纸一般呈酸性，纸面挺硬，益于硬笔书写，吸水性差，质地硬脆沉，更重要的是不易保存，年代久远之后易于脆裂。

手工纸张的材料多为植物，在中国多采用如苎麻、桑树皮、竹子、稻草、龙须草和菠萝叶等，经过泡制蒸漂等技术，采用纸药作为胶料，纸药都是用植物性原料制成的，多由黄蜀葵或杨桃藤、槿叶等制成，这类植物富含胶质，能将泡制好的原料黏合并保持均匀的厚度。

手工纸按原料可分为皮纸、草纸、竹纸三大类。其制作流程分别如下：

（1）造皮纸流程。

采枝—剥皮—减料—腌料—蒸煮—洗料—踏料—浸料—打料—入槽—捞纸—榨干—焙纸—皮纸。

（2）造草纸流程。

捆料—泡料—堆料—牛踏—翻料—洗料—入槽—捞纸—榨干—分级—晒纸—草纸。

（3）造竹纸流程。

伐竹—浸泡—选料—灰浸—堆置—蒸料—洗料—减料—浸洗—碱煮—蒸料—洗料—发酵—漂白—洗料—打料—捞纸—压榨—分纸—烘干—整理—竹纸。

中国造纸史上留下了各种著名的纸张，如晋代的蜜香纸，晋代稽含（263—306）的《南方草木状》曾有："蜜香纸，以蜜香树风叶作之，有纹如鱼子，极香而坚韧，水渍之不烂。"桑皮纸，司马光《资治通鉴》全书 284 卷，皆用桑皮纸刻印。黄麻纸，黄麻皮质中含有生物碱，具有防虫性，纸面呈淡黄色、柔和，在油灯照射下阅读不易疲劳。1000 年以前，唐代的宣州府生产的名纸蚕茧纸，含有丝蛋白，泛着丝绸的光泽，是上好的纸张之一，其质地柔韧、洁白平滑、细腻匀整、色泽耐久。还有用青檀皮制成的白麻纸，在当时供唐代集贤院学士书写抄录之用。

中国很多著名的书画家、词人等名家不仅在文学上造诣非常，在纸张制作上也颇有心得，例如晚唐时期的女诗人薛涛就有自制的纸笺，用于书写诗词，在当时曾盛极一时，名为"薛涛笺"。薛涛笺是一种红色小纸笺，因薛涛家住成都郊外浣花溪畔，故所制之纸也被称为"浣花笺"。唐代李商隐曾写下名句："浣花笺纸桃花色，好好题诗咏玉钩。"还有南唐后主李煜所用澄心堂纸也是史上名贵纸张之一，无比珍贵而一纸难求，产自新安江一带、肤如卵膜、坚洁如玉、细膜光润、冠于一时。南唐王朝被宋军消灭以后，澄心堂纸从宫内散落民间。欧阳修偶然得到澄心堂纸，转寄好友梅圣俞两卷，梅圣俞写诗："滑如春冰密如茧，把玩惊喜心徘徊。江南李氏有国日，百金不许市一枚。澄心堂中唯此物，静几铺写无尘埃。"（见图 2.7）

宋朝名纸有蠲纸、匹纸、绵纸、玉版纸。北宋陈栖在《负暄野录》中说："新安玉版，色理极腻白，然纸性颇易软弱。今士大夫多糨而后用，用得其法，久方不蒸蠹。"明天启六年，吴发祥印造的《萝轩变古笺谱》和崇祯十七年徽州人胡正言刊刻的《十竹斋笺谱》都是用玉版纸完成的。在历史上还有诸多名纸如宝钞纸、谢公笺、明清的宣德纸、毛边纸、乌金纸、海月纸、西南各地的绵纸等，不一一赘述，这些纸张的造纸技术均有详细的记载和保留，一些边远地区还留有手工制纸的技术，这都是非物质文化遗产的宝贵财富[20]。

▶ 图 2.7　乾隆年间仿澄心堂纸

图片来源：宋蔡襄澄心堂帖. 苏州吴古轩出版社，2012

　　书籍的设计中材料是重要的语言，纸张的特质能使书籍的内涵散发出来，用纸不当的书籍设计是粗糙而没有专业修养的表现。很多研究书籍设计的艺术家必须对纸张的特性和表现非常清楚，尤其是纸张在经过油墨印刷后的变化对设计会产生一定影响，并影响最终书籍的品质。因为很多纸张印刷后使图片和文字的色彩及明暗度都会呈现出不同的变化，和原本设计稿中的表现都会有差别，而了解这些差别成为一个书籍设计师重要的经验之一。

　　今天的纸张技术利用现代科技，在以下三种方式上进行纸张材料的开创和生产。一是原生态的纸张，即采用自然制材，纸张更强调天然生态的质感；二是再生纸的制造，利用回收纸张的材料重新制纸，再生纸具有轻型、绿色环保的特性，著名企鹅出版社的很多口袋本都利用再生纸作为书籍的内页，这种材质的书看起来很厚拿在手里却很轻巧，深受小说爱好者的喜爱；三是制纸方式是合成材料，很多特种纸均以这种方式制造，特种纸纸质较脆、呈酸性、日久易变色，但是它的优势在于无论是色彩还是肌理上都可以呈现丰富的变化。例如镭射纸可以发出炫目的镭射光，各色透明度的硫酸纸、胶片纸、金银纸等，可以适应各类设计需求，同时也会给设计师更多灵感，尤其是各色底纹纸，可以印上凹凸花纹，除了在包装材料上常用到之外，还能满足特殊的书籍设计需要。很多底纹纸在纸张上还加印一些植物纤维，例如棉麻纤维和花瓣等，以制造出特殊的效果。在今天的设计世界中，纸张如同人一般，性格越来越鲜明，有的是简朴，有的雅致，纸张特质则越来越明确，材料本身就充满了情感，或者表达怀古幽思，或者体现出华丽高贵等气质，设计师根据设计需求以此衬托或突出设计风格。

第 **3** 章

从范式理论角度看书籍设计的变迁

3.1 范式的概念

3.1.1 范式的概念及特征

范式一词来自拉丁语 "Paradigm"，其含义是 "范例、样式、模范、词形变化表"。设计范式一词是来自应用科学中有关电脑程序设计的概念，它指的是符合某一种级别的关系模式的集合以及表明构造数据库必须遵循一定的规则。在关系数据库中，这种规则就是范式，关系数据库中的关系必须满足一定的要求，即满足不同的范式。范式的设定有很明确的逻辑关系，表示在众多的素材中遵循一种逻辑法则以及每个句段之间所代表的不同属性。

另一个范式的概念则来自哲学体系，其概念和理论是由美国著名科学哲学家托马斯·库恩在《科学革命的结构》（1962）中系统阐述并提出的。范式概念是库恩整个科学哲学观的中心，他用此概念意在表明科学发展的内在结构，体现这种结构的模型被称为 "范式"。范式是以一个具体的科学领域为范例来说明这个科学发展阶段的模式，以此来说明某个阶段的科学体系的规律、特点等内容。范式有如下特点：其一，它在大部分科学成员团体中具有公认性；其二，它是由一定的定律、理论体系和仪器设备构成的一个整体；其三，范式理论为科学研究提供了可模仿的依据。范式的突破便导致科学的革命，科学由此获得一个全新的面貌。

第3章 从范式理论角度看书籍设计的变迁

范式理论是库恩科学哲学观的要点和中心，它可以从多角度、多层次、多方面来描述很多领域的科学。因此，在研究很多领域的系统性、结构性上，库恩的范式理论可以作为一个方法论。

在托马斯·库恩的眼中，人类在每一个历史阶段发生的科学革命，并非是人们惯常所接受的概念，即在前人科学工作的基础上进行的改变，而是范式取代。从他的理论中我们了解到，每一个历史阶段社会都会发生深刻的变革，无论科技还是社会体制都是新生事物将旧事物取而代之，正是由于前有的体系无法胜任面临的新问题，在某种范式中会有打破范例的"例外"发生，当这个"例外"无法用现有的模式来接纳、包容和消解，最终便会导致范式转移，于是出现了范式革命，形成了适合新生事物发展的新范式。对这种新的模式变革的理解应该并非体现于外在的形式变革，而是由内而外的革新[21]。

3.1.2 范式的概念运用何处

范式转换用于描述在科学范畴里，一种在基本理论上从根本假设的改变，这种改变后来亦被应用于各种其他学科方面的巨大转变。库恩在书中阐释，每一项科学研究的重大突破，几乎都是先打破道统、打破旧思维，而后才成功的。托马斯·库恩将范式转换理论用于管理学领域，体现了管理科学上的革命。从某种意义上，范式理论的转换可以应用于任何领域的变化。其原因在于：不同于很多科学哲学理论的抽象性，库恩强调科学的具体性，他把具体性视做科学的基本特征，这也是科学和其他哲学的不同之处；以科学的具体性特征指导科学研究，在应用模型和形而上学之间建立起一种新的相互关系，解决了从一般哲学理论转向实际科学理论的途径问题。

但是，库恩理论也有其局限性：由于范式概念的开放性和模糊性，使得它的运用过于庞杂和被滥用，几乎所有的领域都有与之相关的范式研究，即便是库恩本人也承认范式一词已经存在着一定的"弹性"。范式理论的模糊性在于：范式理论应用于自然科学领域时，因为自然科学追求必然性结论的特点，在自然科学家的眼中，一个新范式取代一个旧范式的过程就是一个错误观念被正确观念替代的过程，这体现出二元论的特征。而当范式理论应用于人文学科的时候，并非是这样泾渭分明的。人文社科的理论范式体现出更多的选择和可能性，它只存在于某个理论范式是否更加深刻和全面，而不是完全地被抛弃和取代的结果。因此，在人文社科领域的范式理论只是拓展了原有理论的深度、广度。

库恩提出范式理论的目的是要解释科学革命的发生，因此他把科学发展分为两个阶段：常规科学阶段和科学革命阶段。在常规科学阶段之前还有一个前科学阶段，所谓前科学阶段指的是科学发展新的观念刚出现，还未得到普遍证实和接受的阶段，这个阶段研究者们有着不同的理论；在常规科学阶段，很多原理已经得到证实并获得大部分科学团体的认可，科学共同体成员遵守共同的范式开展科学研究，科学在范式的约束下稳定发展；当处于科学革命阶段，常规科学遭遇例外的挑战，不可通约的原有范式为新范式所取代，旧范式的一致性消失，科学发生了范式转移而进入新范式约束阶段。从总体上看，科学发展实际上就是一个范式转移的过程，是旧有范式被新范式取代的过程。在库恩的解释中，范式是一个特定社团的成员共同接受的信仰、公认的价值和技术的总和。超脱于内涵的理解，范式还具有如下特性：

（1）范式在常规科学时期具有公约性，为这一时期的科学共同体共同遵循，常规科学的研究活动是在范式指导下进行的。

（2）范式之间存在着不可通约性，新旧范式之间不可通约、不可共存。

（3）范式在常规科学时期具有典范的意义，对科学研究，尤其是新一代科学家的科学研究进行规范。

在社科领域范式理论也有着广泛的借用。社科界在对范式进行借用的过程中对其进行了一定程度的改造，扩大了范式的内涵，使其成为区分不同学科间的差别，也代表着某一学科的不同发展阶段，在这个领域开始灵活范式理论的运用，弱化了它的不可通约性。原本不可通约性是来自数学的一个概念，库恩在这里旨在说明在科学革命中的常规公约在新旧转换中的变化是不可相容的，不仅体现在逻辑上与以前的传统不相容，实质上也体现在不可通约性。后期库恩从语言的角度将不可通约性与不可翻译性等同起来，这可以从社会革命的案例中窥见一斑。当封建主义制度已经不适用于工业化文明带来的很多"例外"问题，必然导致社会形态的更替。

根据库恩的角度，范式理论能被应用于任何研究某一事物发生发展过程的变化中，也包括书籍形态发展的变化。作为一种更宏观的角度，它研究了书籍发展过程中变化的深层次而非浅表的原因；这意味着书籍形态的变化除了技术的推动以外，也有来自社会体制以及政治的原因。

剖析形成某种书籍设计风格的原因，根据范式理论可以从以下几个角度来探讨：首先是政治体制对知识的控制和文化习惯对阅读的影响；其次是生活方式对书籍形态的影响。

3.2　书籍设计中范式的转移

现今，我们的文化涌现出了很多形态，最直观地体现于艺术与设计领域。技术的进步，从另一个角度也造成了设计中不可避免的滥用现象。嘈杂而没有主次地凸显以炫耀技术之美，在当代社会这种日常生活的审美化是一种反审美现象，是审美趣味的低俗化和审美自律的大崩溃。以大众文化为代表的文化工业产品是典型的审美麻醉品，在瞬间快感和满足了人们的艺术好奇之后钝化了人们的艺术感觉力和审美想象力，并直接导致了审美疲劳、心灵疲劳，有人将它称之为审美范式转换中的"人文缺失"[22]。这一现象的背后是集体的审美心智和一个设计活动的共同体在起作用。

由于范式概念中有关"模型"的理论能够找到某一科学领域发展的规律及共同遵守的规约，并且涉及传统与创新相交的探讨，很多领域的专家学者们会运用它来剖析和试图总结某一领域形成一种模式的特点。人们看到的每一次科学革命都是知识体系的重建过程，也是对科学革命的主体——人的重新塑造的过程。每一个代表新的科学范式的出现，其新的研究者们从自身的价值观、研究方法系统、研究视角等都进行了全新的更替，呈现出类似生物进化般的提升，这不仅表明了事物发展是符合螺旋式上升的规律的，更从另一个视角说明了范式理论很好地总结了科学体现于人类社会的方方面面不断更新进步的过程。

在书籍设计的历史中，书籍形态发展表面上看起来是一个因技术的进步而产生的必然结果。但是从科学的具体性，即范式理论的角度来看，在科学发展的常规阶段，必然会有一些例外出现，同时因为人的实践活动具有创造性，会产生主观能动性，会反过来作用于技术的发展。例如在北宋毕昇发明的活字印刷术之前一直采用雕版印刷的方式进行印刷，经过历代雕版印刷经验的总结，发展起来的泥活字、胶活字印刷完成了中国印刷史上的重大革命。但是为什么最终印刷史上真正意义的革命仍归功于 15 世纪德国的古登堡呢？古登堡发明的印刷机在技术上的完善性和科学性使真正的印刷时代到来了。毕昇的泥活字印刷与之前相比虽然有着革新的一面，但在使用上却并不方便，只要雕版不坏，可以随意印制，但是活字印刷，只能一次性使用，如果排好的版留下来，字模的成本会高于雕版的成本；如果毁掉，重印时仍然需要重新排版，需要耗费大量人力物力，因此古人曾评活字印刷似简实繁。泥活字只能解决小批量简易印刷，不适用于重复印刷。所以，在历史上直到清末还是传统的雕版印刷占据了印刷主流。在常规科学阶段，一些例外的出现会引起人们的反思，泥活字的发明引发的是一个契机，这个契机激发的质变在15 世纪的欧洲才得以实现。

基于库恩所认为的不存在超越历史适用于一切时代的方法论，他的理论旨在证明科学的发展并非按照逻辑主义所认为的那样是一个渐进式过程，而是一个新旧更替的革命，这是从库恩理论的学科背景角度来论述的；从广阔的社会学背景来看，在 20 世纪中期的西方国家，科学与社会的联系变得紧密，学科间的相互渗透越来越强，科学的研究更为广泛地应用于社会，尤其是应用于人文领域的尝试，打破了唯科学主义的教条化主张，表明了没有一种思想体系是万能的科学、是放之四海皆准的真理。库恩的理论也吸收了当时的科学史、哲学和心理学等学科的新成果，范式理论在整个人文社科领域引起了强烈反响。

3.2.1　书籍形态创造过程中的共同体意向

库恩在《科学革命的结构》中提到："范式一变，这世界本身也随之改变了。科学家由一个新范式指引，去采用新工具，注意新领域。甚至更为重要的是，在革命过程中科学家用熟悉的工具去注意以前注意过的地方时，他们会看到新的、不同的东西。范式改变的确使科学家对他们研究所及的世界的看法发生了改变，只要他们与那个世界的沟通是透过他们所看到的和他们所干的，我们就可以说：在革命之后，科学家们所面对的是一个不同的世界。"[21] 于此看出，范式是一种世界观，为科学共同体成员提供了主体和研究对象的一种思维方式。

虽然库恩的范式理论是针对整个科学领域提出的，但它毕竟是在一个广阔的背景下诞生的，也为其他领域尤其是人文社科领域的发展和研究提供了一个广阔的视角，使人们在看待一项研究或者某个专业领域的发展时不再局限于单一的、固有的标准。范式理论成为人们分析科学发展和演变规律的有力工具。

在艺术设计领域也不例外。历史证明，艺术设计的发展总是在两个方向的深刻影响中进行的，它们是艺术和科学。如果说艺术设计是一张纸，科学与艺术分别是这张纸的两面，在设计领域科学一直作为犀利的工具令设计师的观念得以合理的实施，艺术则是科学指导下的审美呈现。

以新艺术运动为例，它是在人文艺术领域的共同体一致认可的理论体系下的美学法则，共同尊崇着在手工艺中探寻艺术设计的未来化理念，并形成特有的生产形式，是抽象的思想体系于物质的外化。从19世纪末到20世纪初，新艺术运动席卷了欧洲和美国，涉及的范围达到10个国家以上。从1890年到1910年的20年间，在多个西欧国家能看到这个运动带来的试验和探索的印记，无论是建筑、工业品设计、家具设计乃至于平面设计的方方面面都能看到这个属于形式主义运动的影响。作为极具意义的装饰主义运动，它为世界带来了影响深远的艺术理想和生活态度。它在欧洲分别有不同的名称，如英国的"工艺美术运动"、德国的"青年主义"、奥地利的"分离派"等，但实质上它就是一场艺术美学史上的形式主义运动。其本质在于从19世纪初开始的机器化大生产的工业时代回归手工艺的美好，作为现代艺术运动的开篇人物，威廉·莫里斯认为工业化的机器无法体现创造者的精神特质，希望在传统的手工艺中寻找艺术设计的未来。从这里我们可以看到范式理论中的"例外"，由于普法战争之后，欧洲进入到一个较为稳定的时期，在 20 世纪之初，很多新兴的独立国家在跻身世界市场之中迫切需要形成一种新型的艺术风格，而旧有的维多利亚时期遗留的美学形式已经不能解决新时代的问题，"例外"出现了，于是旧有的范式将被转换，这就是新艺术运动的风格需要摒弃巴洛克时代夸张与奢华的装饰感，而代之以纤细柔婉的线条和几何美学、机械美学等来表现华丽以及自然婉约的风格。

书籍范式转移的过程中体现的是艺术活动共同体的集体意向，每一次的人文领域中萌发的新运动，都是这个时代的文艺先锋或者文艺团体等属于活动共同体的集体意向的结果。无论人们怎样剖析促成新的文化运动的成因，都会回到"人"本身的问题上，因为无论是理念还是技术，都属于主体活动的表现，每个时代都有促成新思潮、新观念的一批具有影响力的人。一如新艺术运动中的埃米勒·加雷（Emile Galle）、劳特雷克（Henri de Toulouse-Lautrec）、穆洽（Alphonse Mucha）等大师；也如后期印象派的凡·高（Vincent Willem van Gogh）、高更（Paul Gauguin）、塞尚（Paul Cézanne）等引领者和追随者；也如包豪斯时期的密斯·范德罗。这里体现了库恩一个全景的视角，他认为范式就是共同"团体承诺的集合"，它代表了一个特定共同体的成员和共同遵守的信念、价值、技术等构成的集合体，另外也作为这个整体的一个模型和范例，抽象出来的、在常规科学阶段作其他谜题解答的基础。从库恩设定的这个概念内涵与外延来看，形成了一种形而上和形而下的要素组成的立体的网络。从库恩的角度来看，人类所有的活动都是存在"范式"的，因此，这个理论无疑也适用于对当代书籍形态设计美学模式的探讨。

3.2.2　书籍设计中美学观的变迁

南非考古学家戴维·刘易斯·威廉姆斯（David Lewis-Williams）曾经说道："某些事物的含义总要受到文化的制约。"虽然谈及的是史前艺术，但是由此看出艺术及设计相关的一切无疑都是受到文化制约的，文化的差异必定造成审美的差异。范式理论成为当代研究文化现象具有实用性和科学性的方法论[23]。书籍设计从属于艺术设计领域，范式理论的

第3章 从范式理论角度看书籍设计的变迁

宏大而多层次的研究视角也适用于深入探讨书籍设计领域的活动。

一种范式的出现，其本质是与一个科学共同体的概念成共生关系的，考察具有高度指导性的研究活动的本质，需要指出范式的显现是如何影响在这个领域内实践的团体结构的。范式的作用正是通过这个科学实践共同体的作用发挥出来的。由此我们考察书籍形态在当代的美学观或者样式，仅仅满足于从书籍表面呈现的形式进行总结，即就事论事本身是远远不够的，因为不能透彻地深入到当代书籍形态美学的本质，而要从这个时期的活动实践共同体那里探寻当代书籍美学范式的成因，研究实践活动共同体们秉持的观念、在传播和发展书籍设计的过程中所倡导的美学法则，以及普遍采用的技术支持等。范式理论被推广至多个领域，包括艺术设计在内的领域，是后现代主张的价值多元性和社会多样性最有力的武器。

由于范式理论本身就是立足于多样性视角的研究方法，它会客观看待多样性；同时与范式理论对峙的是科学霸权主义，因为没有一种范式是永恒真理适用于各种情形的。在今天文化多样化的环境中，不断有新的问题出现打破旧有的格局，引发新的改变以适应和解决新问题，形成新的范式转换，符合事物发展的客观规律。

书籍从早期的简单对文本的编排到后来的由内而外的整体设计的变化体现出了书籍美学观的变迁。在中国古代，书籍的封面只是起到保护书籍和提示内容的作用，在书页中的文字才是最重要的，一直到后来书籍的内外已经成为一个整体，建筑设计的概念和视知觉理论的引入，使书籍设计体现出空间设计一般的概念。这一过程是漫长的，只有立足于宏观的视角才得以发现早期的书籍设计师们的设计理念是分作两步的，首先是文本中对字体的重视，其次是在书籍封面中对主题插画的重视，二者的联系相对于今天要更简单，其逻辑联系要疏离得多，似乎仅此而已。到了后现代时期直至今日，书籍设计的理念早已在历史的磨砺中成为一个难以分割的整体，封面、环衬、版权页、内文和插图等，甚至内文中也分出了丰富的层次以体现文本的不同功能，使字体担任起更多的作用，利用字体字号的变化或一致性来提示其文本功能的差异；在整体性中每个要素都分工明确并各司其职。

3.2.3　书籍新介质——电子媒体的类型及特征

在以电子阅读终端和网络为新媒介日渐占据主流的今天，并非如人们曾担忧的那样会影响纸介书籍的利用率，相反二者会相互促进，各自将发挥不同的功能。其原因如下：后现代主义的潮流一直影响着今天人们的生活方式，在现代主义之后，后现代主义消解了权威，而强调多样性和多元化的生活方式。互联网的出现使人们拥有了自由传递信息和共享信息的渠道，在这一传递与分享的过程中体现出了丰富的个性。人们希望在网络这个虚拟舞台上占据一席之地，因此各类思维观念都相对自由地呈现。而一个文明程度越高的社会将体现出越高的宽容度，可以容纳差异化。从经济学的角度看，多样化的市场造就了多样化的需求，因此就会催生各种解决方案。

电子读物从以下两个方面解决了人们的需求：

（1）大存储量与小载体。

由于大存储量，很多书籍被数字化可下载到电子阅读终端如手机上，人们可随身携带小巧时尚的工业化产品自由行走，阅读简易可随时填充人们的时间。大量的具有学术价值的数据和资料可以以这样的方式存储，是计算机和网络虚拟空间最具优势的体现之一。

此外，基于这样的存储优势，传统媒介和新媒介将各显神通，发挥各自无法取代的优势。电子阅读终端可以下载并存储各类信息，满足日常生活中各类读者的需求，存储内容无所不包、无所不容，例如各类教材、文学作品、宗教读物等。电子阅读终端还具备一个独特的优势，除了静态的文本形式，还有影音功能，很多读物是有声音的，这是不同于纸介书籍的另一特点。以 MP4 为例，使用者们可以存储好几部电影等影像资料，利用其播放功能可以随处随时收看电影，或者收听有声阅读。亚马逊第二代 Kindle 阅读器基于亚马逊网上书店强大的资源，可以无线登录下载 30 万种图书、29 种杂志和 38 种报纸。迄今为止，比第三代 Kindle 又有提升：Kindle Paper whites 触屏灵敏度比之前提高了 19%，翻页速度提升了 25%，携带一本厚度仅为 9.1 mm，重 213 g 的电子"书"如同带上了可存储 2 000 多本书的小型图书馆！

网络空间是以比特（bit，位）或者字节（Byte）来计算的，一个字节等于 8 位二进制。以汉字为例，一个汉字占两个字节。所以在 1 MB 之内可以容纳 50 多万的汉字字节。今天一个不到一寸的移动 U 盘一般都有 2 GB 甚至更大，可以想象电子阅读器或者类似终端拥有多么巨大的存储量，这是纸介书籍不可比拟的。天河一号是中国首台千万亿次超级计算机，一共 103 个机柜，占地 1 000 多平方米，但是它的存储量相当于 4 个国家图书馆的藏书量，众所周知国家图书馆占地 14 万平方米，藏书量约为 2 000 多万册。这样具有天壤之别的巨量存储差异将传统的书籍功能自然地分流出来了。

（2）可永久保存资料数据。

相对于纸介书籍，虚拟存储空间可以永久地保留资料，并快速复制备份等。这是纸介书籍难以胜任的，传统的复制意味着资源的消耗、生产成本的增加。

智能手机中设有"书架"或者"书包"的应用，读者利用网络下载功能，下载感兴趣的读物，存储在智能手机中，16 GB 存储量的 iPhone 手机可同时存储大部头的小说如《红楼梦》以及《三国演义》数十部，这个技术也许会令古代的圣贤们瞠目结舌。远古时期的人们常用"学富五车"来形容一个人的藏书非常丰富，五架牛车所能装下的书简在今天对一个智能终端的存储量而言不在话下。现代科技超越时空的能量完全改变了传统的阅读行为，成就了快餐时代的阅读习惯，无线网络环境使人们在路上随时阅读，时间的空隙就这样被移动技术所填充，这不能不说是今天科技创造的奇迹。

3.3　推动书籍形态变化的因素

中国的传统文化中，阅读的行为是高雅、脱俗的。普希金曾经说过："人的影响短暂而微弱，书的影响则广泛而深远。""书籍把我们引入最美好的社会，使我们认识各个时代的伟大智者。"别林斯基的这句话体现了两点：书籍是知识的载体，书籍这个形式是超越时间而存在的。

在书籍设计的历史上，影响书籍形态的另一因素是政治。自从有了文字和书籍，在中国传统中历来都是尊重读书人，也尊重书籍的。书籍不仅体现了人类智慧的积累，也体现了高于体力劳动的脑力劳动，这在人类历史的大部分时期是得到尊重的。尽管在中国的历史上曾经发生过焚书坑儒事件，公元前213—前212年间，秦始皇坑杀了"皆诵法孔子"的儒士，其意在维护集权政治的统一性，排除持不同政见的异己者。这当然是对于书籍和读书行为的一种压制和摧毁，但其实质恰好证明了书籍带给人类的强大力量，从反面印证了读书的重要性。在国外的历史上也同样有类似的事件发生，尤其是在集权统治的国家，往往会有禁书的现象出现。例如1966年的阿根廷，翁加尼亚将军取得了政权，曾封杀聂鲁达、塞林格和高尔基等作家的书籍。

集权政府统治对于书籍的恐惧并非是针对书籍形式本身，而是因为书籍所承载的内容、所表达的观点对他们的统治构成了威胁。

但是政治的影响会否对书籍设计构成影响呢？答案是肯定的。在20世纪中期，发生在中国的"文化大革命"对于文化形态产生了重大影响，众所周知由于当时政府提出的"破四旧"理论，便是针对很多传统的艺术形式，涵盖影视戏剧和美术设计等领域，其中必然也包括书籍设计。在"文革"时期设计有国家领导人的专用字体"长宋体"，这个字体专用于书写毛泽东语录，在印制的书籍中特定表现毛泽东思想的权威性和至高无上性。从今天企业形象设计的角度而言，尽管那个时代完全是计划经济时代，没有任何商业的概念，但是这个时期中央出版的书籍除了专属字体之外，还有专属的颜色以及版式。很多马列主义著作或者党内著作都以米黄色调为基底，印制红色的书名及著作者等，书籍设计的形式严肃简洁，形成了那个时期特有的书籍形态特征。

政治制度影响了文化形态，在古代帝制中掌管文化机构的都隶属于皇家，技术革新在一定程度上受制于当权者对技术的需求，因此技术在某种特定条件下未必是生产革新的主导力量。中国唐宋以来的雕版印刷一直是主要书籍生产的技术手段，印刷术的发明事件领先于欧洲，但并未就此引发波澜壮阔的印刷革命，除之前论述的技术的限制性原因之外，还有政权体制的影响：由于当时批量书籍印刷生产都由皇家的印刷机构掌管，在民间没有权利也没有可能性进行大批量的书籍印制，因此那个时期以来在民间需要传阅的书籍大部分为手抄本。"洛阳纸贵"这个成语出自《晋书·文苑·左思传》，讲述的是西晋文人左思写就脍炙人口的《三都赋》，人们交口称誉、争相传抄，一时间洛阳的纸张求大于供，货缺而贵，这个故事从另一个侧面说明了在西晋时期人们多是以抄写的形式来完成书籍的制造和传播的。

新观念、新思想的出现提供了解决新问题的模式，中国的新文化运动时期就是一次范式更替的例子。几千年的封建思想形成很多诟病，越来越多的例外出现在社会上，无法在现有的模式中寻求答案。世界环境正在向资本主义转化的情形下，于是西风东渐，民主与科学的新思想也在中国萌芽，这一时期推动了中国的自然科学发展，是一场全面的文化转型的运动，其影响涵盖了政治、思想、观念、艺术、文学等方面。

书籍设计在这一时期突破旧有的模式。在明代才开始正式出现线装书册页一直延续至民国，线装书的版式为竖排版。竖排版符合中国人的书写习惯，进而也形成国人独有的阅读习惯，在陈独秀设立的新青年杂志上最初也是竖排版。

由于新青年杂志倡导的是西方的民主与科学，引进了很多西方的新思想，而拉丁文的排版习惯是从左至右的横排版，根据拉丁文的发音习惯，竖排版将形成阅读阻滞，因此在当时曾出现了横竖版面交叉混排的情形，如图3.1所示。

随着引进内容的增多，在排版和印刷过程中使得劳动效率降低，因此后期就改成了横排版，并且新杂志以及当时民国的教科书的文章编撰者都是当时著名的文化大家，如蔡元培、叶圣陶、张元济、王云五、顾颉刚、丰子恺、朱自清等，无论是书籍传播的内容还是书籍装帧都体现出了新时代的美感，养国民之人格，扩国民之德量，中国的书籍由此开始逐渐与世界接轨。

网络时代及信息社会的到来，书籍的形态开始趋向于国际化的大同，尽管在细节的设计和处理上各有特性，但是总的来说社会的标准倾向统一，无论东、西方的文化背景差异如何，世界成为一个经济共同体，基于此在设计领域对于设计美的标准已逐渐倾向统一。詹姆逊这样看待后现代的审美模式，他认为通过工业文化的巨大过滤器，一切商业形象都经过了机械复制的链条，成为游离于摹本而趋于无限复制的类象。由此可见，类象是由文化工业所生产的，文化工业在生产消费品的同时，也在生产着消费者。他列举了安迪沃·霍尔的作品，他的 25 个梦露像几乎一样，这说明文化工业不断使类象增值和蔓延，但大众对这种类象的感受是千人一面[24]。这说明工业化的生产方式也影响着书籍形态的特征，书籍的设计看似同 25 个梦露像一般都有着各自的特点，但是总体特质导致了大众对纸介书籍形态的认识。

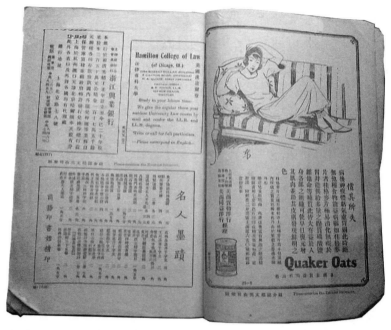

▶ 图 3.1 民国中期的杂志

图片来源：韩晗. 需找失落的民国杂志［M］. 武汉：华中科技大学出版社，2012

3.4 影响书籍设计美学的因素

克罗齐从主观唯心主义的哲学观出发，坚持艺术中内容与形式的不可分离，反对内容可离开形式而独立存在的观点。在他看来艺术的纪念碑，审美的再造所用的刺激物，叫作美的事物或者物理的美，美不属于事物，而属于人的活动，属于心灵的力量。但是由此可知，物理的东西和物理的事实本来只是帮助人再造美或者回想美，经过一些转变和联想，它们本身就被称为美的事物或者物理的美了[25]。在书籍设计领域也一样，书籍之美是基于人们使用的感受和经验，任何华而不实的设计均是脱离内容的设计，空洞而徒有形式。

从范式的理论角度来看，影响书籍设计美学的因素有以下几个方面。

首先，在文化领域中共同认可的规则和观念，即价值观的影响。新文化运动是一个新旧范式交替的典型案例，这个时期的小学课本所选用的文章表现了 20 世纪初的汉语从文言文向白话文的转变，体现出母语的自我更新和与时俱进的生命力。在关于语言的争论上，以当时的林语堂所言为新价值观的体现，他说："一国的文字是国人的公物，谁也不能夺为己有，要望中国将来演出美丽又灵健的文字来，必不可有丝毫成见存心。我们必须冶文言白话于一炉，炼出一清新简洁富表现力的文字来，泥古泥今，皆做不得。"他又说："现在许多人的文章已经做到文白调和境地了，你可读了十行而不辨其为白话文言。将来文体总是趋这一途，得文言之简洁而去其陈腐，得白话之平易而去其冗长。"语言改变的力量是巨大的，这不仅是符号的语法规则发生变化，新的文化范式下还体现在美学观的变化上。

在这一时期鲁迅等文化学者们引进了西方的艺术，德国的珂勒惠支、罗克韦尔·肯特等艺术家的作品被引进，其木版画的技法与中国传统版画技法类似，具有一定的共鸣。这些西方艺术家的作品大多是以人物为主体，克勒惠支以现实主义笔法描绘底层劳动人民的生活，这点也与中国当时的现状有着深刻共鸣。而肯特则以浪漫主义的笔调体现出人性的尊严与崇高、歌颂人的力量，这在当时掀起民主与科学的风潮中无疑具有激励的力量。在民国时期的《东方杂志》、《万象》（见图 3.2）等可以看出，这个时期已经受到西方美学的影响，采用强烈的对比色，绿色块衬托出杂志的名称，剧中构图的形式是学习西方的对称版式，吸引视线的是图案化的元素以及响亮的色彩。封面已经开始呈现横版式，这些在今天看来依然经典的设计在当时无异于清新的空气吹过弥漫着封建思想的陈腐土地。

▶ 图 3.2　民国时期的杂志

图片来源：韩晗. 需找失落的民国杂志［M］. 武汉：华中科技大学出版社，2012

　　图形的变化开始从传统化的装饰性倾向自然清新的生活化图案，古典的样式逐渐被自然随意的图形取代。民国课本中的插图以自然的木刻插图（见图3.3）表现当代小学生们的生活，引导他们挣脱封建的桎梏，以新时代的视角看待并自由地享受生活。字体选用颜体楷书，以其"颜筋"的特点体现出雄健的笔力而富于阳刚之美。自宋以来颜体是最为常用的印刷体字。课本采用的语言清新活泼，语句凝练，意义隽永，启发教化做人的健康的价值观。如强调国家民权的概念，在"御侮"一词下书："鸠乘鹊出，占据巢中，鹊归不得入，招其群至，共逐鸠去。"以其巧妙自然的比喻以小见大、举重若轻地将爱国之心灌输给小学生们。同时，将生活中的点点滴滴自然之美传递给学生们，在潜移默化中培养他们的美好情操和平和的人格。

▶ 图3.3　民国时期的小学课本设计

　　图片来源：沈颐. 民国老课本［M］. 北京：团结出版社，2011

　　插图运用传统木刻技法和写意风格的线条，构图却颇有新意，将文字与图形穿插在一起，空间层次丰富，这些新的美学观点和思想与中国

051

传统的文化精华和谐相处，在潜移默化间传递了中国的审美观和中国文化的韵味。

其次，范式的概念，包括研究群体共享的技术因素。明末清初的时候，西方传教士已经把西方的油画技法带到了中国，逐渐丰富了中国的绘画语言。在民国以前中国画和中国书法一直是社会认可的艺术形式，木版画虽然很早就有，但不登大雅之堂，多用于民间年画或者一些佛教书籍的插图等，被视作匠人之工。随着引进西方的艺术，版画以及油画技法被提升到了一个新的高度，艺术的语言更加丰富，这必然会影响其他形态的艺术与设计，例如服饰的变化、纺织品图案的设计等。在那个时期开始涌现出很多新潮的几何纹样图案，色彩大胆，图案新颖，令当时的人们耳目一新。新文化运动带来了新的契机，资本主义的特点逐渐开始形成，体现在平面设计领域的还有知名的月份牌设计和招贴设计，无论是从技术生产还是审美观点上都逐步接纳西方的影响。如图 3.4 所示的是民国时期的一则广告，无论是从模特的姿态还是从招贴设计的构图上来看都有着强烈的西方艺术的影响，这对于民国时期大多数国人秉承的传统价值观而言是很大的挑战，是一种范式的突破和更新。

由此我们可以看出，对于书籍形态之美的认识是一个不断发展的过程，在民国新文化运动时期兴起的白话文运动，以及书籍设计的改良运动都受到当时文化交流和文化共同体主导的影响。这一过程充分说明了人类的审美随着时代的变迁、世界格局的变化趋向于大同。迄今为止，人类审美意识的演变已经过了三个历史阶段：

（1）审美意识的产生；

（2）审美意识之拓展；

（3）审美意识之裂变。

工艺审美不止于器质文化层面，不止于器物形式之对象外观，它同时与当代大众的精神生活相关[26]。

大工业生产时期从西方传来的先进技术加上中国传统的审美，开创了五四时期的新文化运动，从那个时期开始直至现在，从某种意义上都是图形和图像的复制与创造，无论是从传播文化的角度还是从商业获利的角度都是如此。按照本雅明的基本观念："在原则上，艺术品一直都是可以被复制的。"这毋庸置疑,因为人造的东西都可以被仿造,从传统复制的角度看,不仅学生在艺术实践里面要仿制(基本上属于对他人的模仿),艺术大师们为了作品流传也要复制。除此之外,本雅明还举出第三类群体为了追求盈利而造出复制品来。机械复制,标志着艺术进入了新时代[27],同样也标志着设计进入了新时代。历史在方法上不断的轮回,促使文明呈现螺旋式的进化。

▶ 图 3.4 民国时期的广告

图片来源:中国早期海报. 北京:中国摄影出版社,2010

第 **4** 章

像素时代我们怎么阅读

4.1 后信息化时代的信息载体

信息化时代之后被称为后信息化时代，所谓信息化时代，特指计算机时代或者数码时代，是工业化派生的信息化革命，将传统的工业经济转变为以信息管理为主的知识经济，即信息化社会。人类进入信息化时代的时间是在 20 世纪 70 年代左右，其特征是以计算机技术的发展和互联网的应用为主要技术手段，这一时期最大的特点在于个人有能力去自由传递信息，以及实时获取信息，这是以往任何时代无法比拟的革命性的进步[28]。

以生产方式来界定历史时期的话，我们身处后信息时代。迄今为止人类已经经历了两次巨大的变革浪潮，这两次浪潮都淹没了早先的文明：以范式转移的学说来看，都是以前人所不可想象的生活方式替代了原有的生活方式。第一次浪潮的变化，是历时数千年的农业革命；第二次浪潮的变革令工业文明兴起，至今也不过是 300 年的时间；而今天第三次浪潮的涌现仅仅几十年就已经完成，在全面的第三次浪潮——信息革命的冲击下意味着信息载体以及传播方式的巨变。在计算机和网络时代，新的信息载体和信息的使用方式改变了人类的生活，这被称为继人类文明史上蒸汽革命和电力技术革命之后科技领域的又一次重大飞跃。信息技术、新能源技术、新材料、生物技术等诸多领域的革命性成果推动了人类经济、政治、文化领域的变革，更重要的是影响了人类的生活方式和思维方式。

　　书籍作为古老的信息载体之一，在这一时期其外延被拓展，出现了电子书以及电子阅读终端，传承了原有的功能特征但又融合了新的技术形式。从广义上看任何网络的终端都能起到书籍的作用：承载和传播信息。从微观的角度而言，网络终端中只有专门担任书籍的可阅读和存储一定量的信息才能称之为"书"。"电子书"的定义是将文字、图片、声音、影像等讯息内容数码化，可下载或者植入存储介质和显示终端的手持阅读器，这些讯息是通过数字方式记录在以声、光、电、磁为介质的设备中，借助专用设备来阅读、复制和传输的。20 世纪中期，曾经有学者一度对纸介书籍存在的必要性进行了探讨，正如 20 世纪初电视出现的时候曾经引起人们对报纸等传统媒介的担忧。事实证明科技的进步虽然是一个范式的转移，但并不意味着范式的整体取代。从历史性的角度看，科技的进步只能是给人们提供了更多的选择性。

4.1.1　后信息化时代的生活方式

　　互联网的发展前所未有地延伸和强调了人类的视听功能。巨大的信息如潮涌沸，日夜不停，只要打开互联网，人们就能接收来自全世界的信息。这些信息贯穿在人们的学习、生活、交友、娱乐和工作等各方面，并体现出如下特征：快节奏、高效、多层次、多样性。各类电子终端产品层出不穷，令人们随时随处有机会面对信息，完全做到了"一切尽在掌握"。如果电磁波可以以目所见，那么连接全球的互联网将形成一个奇观，我们时刻生活在一个巨大的由电磁波形成的网络中（见图 4.1）。

　　互联网发展到今天已经有四十余年，它的存在规约和引导了人们的行为和生活，尤其是近年来智能手机的出现令移动 ID 用户迅速增加，人们几乎随时随处埋首就能触及互联网。互联网与使用电视、报纸、电台等传统媒介最大的差异在于：互联网和智能手机令每个人成为信息的发布和享用者，这意味着信息传播渠道的垄断性被打破，获取信息的特权感丧失，使用信息的单一性完全改变，信息的选择性空前地拓展。

▶ 图 4.1　互联网的世界

　　如果说信息化时代的特征体现于计算机和互联网技术，那么后信息化时代的最大特征就是移动互联网的运用日益成熟，各类电子终端产品层出不穷，人类的一切衣食住行及文化活动都围绕着网络进行[29]。

　　2013 年 1 月，汉诺威信息及通信技术博览会的盛况体现出"移动改变生活"之前景。手机的功能不再局限于通信工具。美国消费电子协会的数据显示，全球手机用户使用手机的时间中已有 65% 用于非通信活动。

　　移动互联网令人们与网络的互动增强，体现在手机已具备阅读、购物、交友、游戏、定制服务等功能。这意味着在移动状态下的人们可以即时购买商品、阅读小说、定制出租车服务，或者寻医问药。据不完全统计，亚洲尤其是中国和日本，在地铁中持手机阅读的人们达到 60%，其余则分配给玩游戏、看视频等活动，甚至可以完成移动购物和支付行为，只需要输入用户个人密码和指令就能完成以前必须在银行或者柜台前才能完成的工作。

新闻及监督机构的职能被分化、权威感被消解，人与人的沟通加强。随着近年自媒体的发展，移动互联网使人们相互之间的互动增强。微博、微信以及类似腾讯交友和 MSN 等软件的使用几乎被涵盖在所有智能手机的应用中了，这类应用拓展了人们交际和信息分享的实时性，这种信息的实时性能令新闻即时发布，完全削弱了传统新闻媒体机构的职能，并从某种意义上起到了舆论监督的作用，事实证明人们已经参与到执法机构的监督管理职能中去了。

后信息时代的移动互联网使人们的办公方式发生改变，实现了远程办公或者移动办公，分散于各地的员工可以利用互联网召开视频会议，医疗工作者可以远程指导和监控医疗活动。全球移动通信协会发布的研究成果，以 5 年为周期预测移动通信给世界带来的变化，其中预计 2017 年移动通信技术与医疗相结合将挽救撒哈拉沙漠以南非洲地区超过 100 万人的生命；发展中国家至少有 1.8 亿儿童可借助移动互联网技术接受教育；基于移动技术的交通管理可以节省人们上下班的大约 35% 的时间，更高效的交通可使温室气体排放减少 2 700 万吨，相当于种植超过 10 亿棵树。全球移动通信协会首席营销官迈克尔·奥哈拉认为："如果得到正确的支持，移动通信技术可以帮助人类应对当今最严峻的一些挑战——普及医疗和教育、帮助人们摆脱贫困、战胜饥饿、应对气候变化以及促进经济发展。"

4.1.2 后信息化时代的学习模式

由于移动互联网技术的发展，21 世纪的教育范式也发生了转移，传统的学习理论已经远远不能满足今天的需求。学习模式的内容包括学习者、教师、学习内容、媒体这四方面的要素，其中学习者和教师的重心发生了改变，教师成为服务于学生的角色；学习内容不仅仅是基础性知识，更多的偏向于启发和培养学生解决问题的能力，培养想象力、创造力上；媒体不再局限于传统的模式——黑板与作业本，大量的多媒体技术参与其中。

当代教育变革出现了几个关键转变：教育模式由格式化、标准化转向个性化和艺术化；教育培养目标由知识本位转移到以能力为本位：知识的获取和积累只是学习的一种手段而非目的，面对海量的信息和多渠道的教育资源，学生将如何选择和探索的能力成为重要的内容。学习成为终生内容：传统意义上的学习指的是完成普遍意义上的高、中、低等教育机构内的学习，这占据人生的大约四分之一的时间，然而在信息大爆炸和海量信息出现的今天，新的信息载体和应用技术的不断更新使得人们无法停止学习的脚步。

后信息化时代的学习模式有以下几个特点：

首先，教师主导式的学习变为自主学习和协作学习。由于获取信息和资源的渠道已改变，学生们可以轻易在网络上查询到需要的内容。在传统的媒体时代人们通过阅读和口授积累知识，在今天知识的积累不再是唯一目的，如何灵活运用所学才是能力所在。因此学习已经超越于原有的一对一模式，而是成为一个循环的网络，老师的角色更像一个管理者、指导者，安排和教导学生在一个团体中如何分工合作，学习和掌握解决问题的能力，学习如何开启更大的创造力。

其次，学习的节奏加快了。由于互联网改变了生活的节奏，人们生活的方方面面已经模块化并形成了固定流程。快餐式的生活方式也决定了同样的学习方式，交通工具的发展使出行时间缩短，高铁技术和磁悬浮列车的使用将人们的时空观改变了。以北京到上海为例，乘坐高速列车所用的时间是原有普快所用时间的四分之一，城市间四通八达的地铁线节约了人们的出行时间。同时食品保鲜技术的进步使得半成品食材唾手可得，烹饪的时间和效率大大提高。现代的生活方式也决定了学习的节奏，信息的数量和渠道都空前地倍增和拓展，面对这些信息人们需要快速地阅读和选取信息，制定个性化的学习方案，这一时期学习的目标变得很具体，整个社会为各行各业制定了各级应试制度和行业标准，学习的方式多样化、目标清晰化、内容强调分级制和具体化。学习形成了根据目标对象的需求而有的放矢和具有针对性的模式。

此外学习渠道增多。在开放的互联网环境中，基于浏览器的应用，买卖双方无须谋面而在网络上完成交易的模式带来了电子商务的崛起。电子商务的发展令越来越多的商业行为得以实现，除了产品、服饰、电器等的买卖，还有服务行业的网络化，其中就包括网络学校的设立。以英语学习为例，很多英语学校都开设网络课堂，长久以来形成了独有的品牌，如著名的"华尔街英语"，它以多元化教育方式获得全球的认可，针对成人的英语学习，提供了个性化、有成效的解决方案。网络课堂提供免费和付费的学习方式，多样化的学习渠道满足了学习者不同程度的需求。除此之外，网络课堂也包括法律、会计、计算机应用软件等领域的学习。

多媒体技术的发展令人们学习的体验变得更加丰富和深刻。由于声、光、电技术在多媒体上越来越广泛的应用，网络学习变得有趣而生动。通常传统的学习方式是依赖视觉和听觉器官来阅读书籍、观看老师在黑板上的手书同时收听老师的讲课以及广播电视等传统的教育模式，尽管多年来在传统的教育模式下也产生了很多人才，但是不能否认的是以往传统的学习方式忽略了学习者的特点。根据《学习的革命》一书中所提到的调查，每一个学习者都有不同的智力和智力品质，有的人是视觉学习者，即他们喜欢通过观看的方式来学习，那么阅读是他们最得心应手的学习方法；有的人是听觉学习者，对于声音的敏感令这类学习者选择收听的方式而获得较好的学习效率；还有动觉学习者，他们喜欢走来走去地学习，这样比安静地坐着更能记忆深刻或者激荡脑力。这就是众所周知的五感论，即启动人的视、听、触、闻、味五种感觉器官的功能，从而更深刻和多层次地启发人的思考与灵感，使主体对客观事物的感觉与知觉产生深刻印象并由此启发深层次的思考。多媒体技术正是训练和强化人类五感功能的手段，使今天的学习体验空前地丰富和深刻，将脑部的神经元快速连接并扩大连接的面积，形成这个时代学习模式的特点之一[30]。

4.1.3　后信息化时代的阅读模式：深阅读与浅阅读

线性阅读培养了人们深阅读的习惯，很多年以来人类最常见的阅读形式就是逐字逐句的线性阅读。读者们在这样的阅读习惯中获取的知识点单纯且相对深入和完整，被称为深阅读形式。深阅读跟精读类似，不仅对文本中的主体有整体概念，也能深入细节获得详尽和连贯的信息。

网络的浏览式或搜索式阅读通常称为浅阅读。浅阅读是当代读者形成的一种阅读习惯。眼动仪的测试表明，读者在网络上的视觉流呈跳跃的点状和条状，这是一个较为普遍的浅阅读模式特点，而网络的商业模式正越来越鼓励这样的阅读形式。浅阅读形式适合快速扫描大量信息，对信息的种类、基本内容有一个总体概览。同时网络的设计方式造就了今天的浅阅读模式，网络的商业化促使网络页面的内容包含了主题板块之外还有像广告类、促销类、交流链接等不同功能的超链接点，这就形成了在同一状态的多点阅读。此外由于互联网上的任何信息都可以被搜索到，在网络阅读的过程中，一旦读者希望了解任何即时出现在脑中的问题就可以手到擒来，这种便捷性也易于养成浅阅读习惯。

后信息化时代学习模式的变化必然会对阅读产生影响。针对海量信息和各类搜索引擎以及数字终端的出现，人们的阅读方式逐渐变成浏览式阅读和搜索式阅读。以媒介区分，阅读方式有纸介书籍的阅读和像素化阅读。

由于信息量的激增和生活节奏的加快，深阅读转向浅阅读成为必然的阅读趋势。历史学家罗尔夫·恩格尔新认为从中世纪到1750年稍后，人们的阅读以精读法进行，他们只拥有为数不多的藏书，比如《圣经》和历书以及祈祷用书，人们会反复阅读。到了1800年，人们开始泛读，手头有了各种资料、期刊和报纸，读完之后再寻找新的读物。由此看来知识的扩张和浅阅读形式成正比。

浏览式阅读可分为扫描式和跳读式两种方式。扫描式，要求在阅读中一目数行，迅速扫视，摘取字里行间的重要信息，如读前言、目录、结束语等；跳读式，根据一定的目的或某种需要，有取舍地阅读，与之无关的可舍弃不读，只求在最短的时间内获得自己需要的信息。浏览式阅读在我们日常生活中无须特意培养，这几乎是一种本能，当人们在阅读报纸的时候并非逐字逐句顺序阅读，而是真正的"浏览式"阅读，其要点就在于阅读标题、次级标题，学会寻找每段的主题词，然后迅速概括主旨大意，从中寻找自己感兴趣的内容。在这一点上通常人们可以从英语学习的方式上获得启示，在英语阅读学习中，文章分为泛读和精读，这是根据每篇文章所提出的问题深浅度来定的，要求泛读的文章通常所提的问题是关于主旨大意的，精度中所提的问题在深度和难度上都较前者大，需要在逐字逐句的阅读中深刻理解。英语文章的泛读技巧可分为：掠读（Skimming），指的是在阅读中采用跳跃式的阅读方法，而非深究于细节，抓住关键的字词句，就能领会其大意；扫读（Scanning），指的是在纵览全文的过程中，有意识、有目的地快速获取需要的信息或找到对应的细节，对无关紧要的内容一掠而过；猜读（Guessing），指的是在阅读中遇到个别生词会根据上下文的意思进行推测，或者在对英语词汇的理解基础上对生词的词根或词缀的意思进行推测，而不是停顿或花费时间查字典，从而造成阅读的阻滞；悟读（Realizing），指的是在阅读中领悟词、句、篇的表层意思和深层意思，重视标题、主题句、开头或结尾等段落的阅读和理解。这些技巧对于培养浏览式阅读很有启发[31]。

搜索式阅读方式常用于在互联网上的学习，在搜索引擎中设定关键词，即会出现所需要的信息，关键字、词会以色彩进行标注以强调所搜索的目标，这让人可以在很快的时间内找到很多与需求相关的信息。这种搜索式的阅读用于传统纸介书籍的时候体现在对书籍的目录进行查找，根据索引的提示找到需要的内容。在纸介书籍的阅读中通常也是根据关键词来寻找相关内容的，纸介书籍的设计中具有索引功能的部分包括目录、前言、后记、题跋以及正文的标题等，人们可从中快速搜索到需要的关键字、词等信息，但是搜索效率和准确度却是无法跟电脑相比的。

图示阅读法是一种很重要的搜索式阅读方式。网站设计由文本和图片组成，图片有静态和动态两种形式，而且板块划分很清晰，便于读者快速获得自己需要的信息，也能使网站因其美观的图片和动画效果吸引读者获得较高的浏览量。除了快节奏的生活方式的影响，新媒体的设计也对传统媒体的设计产生了影响，这种网站的设计方式也渐渐影响了纸介书籍的设计。今天，除了必要的研究或者相关工作外，大部分的读者没有太多时间可以花在阅读长篇大论的文本上，因此也有人称这是一个读图时代。很多纸介书籍的设计开始大量使用插图，将文本的板块剪切、分割，中间插进图片形成视觉流程的间歇，一方面使读者较快领略每个部分的内容，另一方面减缓读者可能因长篇阅读产生的疲劳而放弃阅读。

有人认为将思维活动的过程以画脑图的形式呈现出来是很有帮助的阅读方式，以此代替用文字摘录要点或做笔记，这将会大大减少记录时间，而且使读者对文本的意义印象深刻。读图时代的特点形成了多种记录和思维方式，灵活而富于科学性，能形成有助于思考的阅读方式。

听觉阅读法在今天也相当普遍。开发人类听觉的能力是很早就有的技术。在20世纪初，人们就已经开始用录音机辅助学习和享受音乐。很多学习者对声音敏感，通过音频可刺激脑电波使之以另一种形式接受内容，视觉与听觉的交替使用使脑电波得到不同刺激而处于活跃状态。这就是为什么孩子对声响很有兴趣，在很多儿童书籍的设计中使用了听觉刺激，使孩子们很快就能记住对象。针对不同的学习者，网络上很多音像视频都能以这样的方式将他们的生活空间变成一个学习空间，无论是在驾驶室，还是在家中上网。

动觉阅读法是指有些学习者习惯于在移动状态下阅读，他们无法保持安静地坐在书桌前长时间阅读书籍，需要一边走一边阅读。这个现象在大学中很常见，有些学生喜欢早晨在操场上一边走动一边大声阅读英文，说明这是一个视、听及动觉综合运用的学习者。在早期的儿童教育中，也有很多采用此法的教育方式，例如利用游戏的方式辅助孩子进行学习，拍手或者肢体语言的运动结合书籍中的内容，设定场景和有节奏的运动将大大激发孩子的学习热情和兴趣，科学证明这是成功的学习方式之一。今天我们常常见到的是人们在走动状态下戴着耳机和低头查看智能手机，无论是在看新闻还是小说，或者跟人进行交流，这已经成为21世纪最常见的学习方式，或者说是一种阅读方式及体验。

4.2　像素阅读对书籍的影响：纸介书籍存在的必要性

4.2.1　纸介阅读的特征

人们把通过液晶屏阅读的方式称为像素阅读，像素是由图像和元素两个单词组成的，是用来计算数码影像的单位。各类型号的电脑（包括平板电脑）、手机、电子阅读器、游戏机等数码终端都是由液晶屏组成的，像素阅读特指在这个时代人们以电脑或智能手机等液晶屏为介质进行阅读的形式。在公共场合几乎随处可见手拿智能手机翻看和操作的人们，在地铁、餐厅或者车站等地，人们阅读网络小说、观看视频，或与朋友交流，或者忙着打游戏。

　　在互联网刚盛行的时候曾有人担心电子阅读方式最终会取代纸介书籍（见图 4.2），事实证明纸介书籍是不可取代的。

▶ 图 4.2　电子书与传统纸介书籍

　　就存储量而言，电子书以及互联网上的虚拟内存远超有限的纸介书籍。尤其是当代云存储计划的实现，进一步将互联网的信息存储进行了最科学和有效的整合，提高了存储效率并增大了存储空间，使得互联网可以实现文件的大容量分享和同步存储模式。

　　人类区别于动物的特点在于人具备思考和表达情感的能力，人脑是造物主最奇妙的作品。科学研究表明人脑的左右半球各司其职，脑的左半部分处理语言、逻辑、数学、秩序等问题，脑的右半部分处理节奏、旋律、音乐、图像和幻想等创造性的活动，然而科学研究还表明大脑是以综合方式共同协作的，左右脑是共同合作并相互影响的，边缘系统中的情感中心也一同参与其中。科学家们进一步指明大脑的情感中心紧密地与长期记忆存储系统相连，这就是人们更容易记住有高度情感因素的内容，例如会深刻地记得喜欢的电影、书籍，或者与亲密的人共同生活的情形等[32]。

阅读纸介书籍所带来的感受在人的五感中得到了强化，爱书者触碰带有温润感的材质，翻动书页，倾听那些绵软的纸张发出的沙沙声，或者清脆的哗哗声，再嗅闻扑鼻而来的纸与墨混合的书香之气，这些特殊的感受经由人的五感体验，在人的记忆中留下了深刻的印记。我们不得不说这种物质性强化了人大脑中的情感中心，因而难以割舍。根据五感理论，多种感觉通道的并用对智力的强化有很大的作用，比只用单一的感觉器官来摄取信息来得更快速也更深刻。

纸介书籍作为古老而传统的媒介伴随人类文明已有上千年的历史，它的物质性令人产生真实的拥有感。而且它的装帧方式可以体现出书籍设计特有的语言，无论是西式的压槽、起脊的羊皮精装书，还是中国的棉纸、麻纱纸经过结实的锁线形成的漂亮线装书等，都会具有难以言述的器物之美。相比之下，网络阅读和电子书虽然拥有超大的存储量，但只是一个电子产品。相对于纸介书籍各部分材料带来的丰富之美感以及不同程度的触觉感受，其物质性的感受是非常单一的。

人类阅读的姿态是充满魅力的，是表现文明的符号。很多时候人们拥有对阅读姿态的记忆，无论是在草坪上，还是在午后的阳台上，或者在等候的时间中都会看到沉浸在阅读中的人们的美态。而阅读器和智能手机的发明在一定程度上规范了人类的阅读姿态，千篇一律的姿势令阅读这个行为变得缺少了趣味和情感的层次。

4.2.2　像素阅读的利与弊

从宏观角度而言，上述提及的像素阅读解决了海量资料和数据存储的问题，其革新性的设计解决了空间储藏及纸张材质的消耗问题，大大节省了各项成本和资源，这是像素化读物贡献于世界的益处。从微观角度而言，读者所拥有的电子移动终端或者家用电脑的存储量令人们可随身携带一书柜的世界名著，可以随时根据需要而阅读。轻盈和便携的特性，从某种意义上减轻了读者阅读的负担，这种唾手可翻阅的感受使读者反而更愿意倾向于阅读。毕竟一部手机，一个电子阅读器和一个书柜相比还是轻便小巧了许多的。然而，像素阅读这一特性也成为人们开始担心它最终会取代纸介书籍的有力理由。经过研究和观察，电子阅读器仍然难以取代纸介书籍的存在。因其特殊的条件，例如对电量的需求，以及对数据线和充电器的需要，甚至对于电源插孔的要求，这三个环节缺少任何一个都难以使像素阅读的方式继续下去，而这是纸介书籍永远不会出现的问题。电子阅读的载体是荧光屏，长时间的阅读对于人类视力的损害是毋庸置疑的，很多健康专家和家长们都在力图控制孩子们长时间沉溺于荧光屏前的行为。像素阅读体现的是另一种界面设计，它同纸张实际的质地完全不同，碰触到真实的纸介书籍和翻阅时的体验完全不同，尽管它的超链接使人们在学习一项知识的时候更快更有联系，但是它毕竟缺少一种人与物之间的联系，这种联系对于人的成长和生活意义非凡。因为纸介书籍可以保存和激发人类细腻的情感体现，丰富其内心的世界和感受，这是电子产品无法胜任的。

一位视觉传达领域的设计师这样提及她的技术带来的感受："我爱我的技术，我很开心它迅速而完美地解决了我每日生活的需要。我的电子日历、电子邮箱、电子书、iPod 音乐等每分钟都可以在我拥有的设备中获得，但是我发现我不得不依附于这套现代生活体系，为了获得方便我不得不遵从个人数据库的各种规定、更新、下载等，如果我拒绝，我将失去这些带给我的一切益处。"[33]

4.3 读图时代的到来：纸介书籍形态的优势

从书籍阅读的角度来看，这个时代又被称为读图时代。在当代著名的热销小说作家丹·布朗的《达·芬奇密码》中有这样一句话来形容读图时代的特征、图像图形所代表的符号含义：一张图胜过千言万语。生活中随时可见静态的图片和动态视频，在街边公交站、商业楼体边悬挂着商品广告，商业区 LED 大屏幕滚动播出新闻或商品广告讯息。我们目之所及均被大量图像充斥，正是由于快餐时代的特征，使图片比文字的传达更实用和直观；通信技术让全球共享信息，地球变成一个大村落，互联网的交流促使一种超越语言差别、文化障碍的交流方式，信息视觉化成为一个趋势；此外，书籍的设计逐渐与这个时代相匹配，重新回归类似儿童的看图学习，快速抓住要义，迅速领会书籍传递的信息。由各类图形组成的图像和视频随处可见，替代了文字传达信息，毕竟图像是人类最早使用的传递信息的手段。经过上千年的进化，整个社会如同螺旋上升，在某一个点与人类本能相应，但是科学技术已经超越于过去任何时代。

基于上述理论，纸介书籍的形态发生了一些改变。

首先，图文书的设计成为一种趋势，除常规的书籍插图之外，很多文本信息有图形可视化的倾向。为迎合当今人们生活的节奏和学习习惯，文本信息尤其是数据信息转变成了易于理解和直观的可视化形态。平面设计师们开始设计出各种图表和插图化的信息，在杉浦康平的《造型的诞生》一书中曾用别致的插图化语言来表现亚洲各地的食物带给人们味觉上的变化，味觉是来自人们舌头上味蕾的感觉刺激，如何转变为图像？设计师用充满创意的"味觉地图"表现了印度、中国、日本等亚洲国家独特饮食习惯的特点，这成为体现文本信息可视化的一个典型案例。

其次，从纸介书籍的整体设计来看，设计观念从 20 世纪末随着商业化的发展，已经转变为整体设计观，即设计思路由内而外、由小见大、窥一斑而见全豹的设计。设计成为观念的外化。书籍整体设计从文本的编辑开始就纳入了设计的思路中，再由外而内按照书籍设计的各个部分，将书籍作为一个六面体来全面考虑是这个时代最主要的设计特征，书的设计符合整体风格，既有阅读性又具有艺术性正是这个时代书籍设计的追求。

当代纸介书籍设计特征为立体的设计思维，丰富的材料语言，符合具体需求的装帧艺术化处理。

传统的书籍设计在 20 世纪改革开放以前是针对外观而作的，设计师所做的就是为书籍提供一个外在美化功能，设计师更多偏向于封面的设计，使之成为书籍唯一的广告。内文遵循着一直延续下来的内文设计模式，印刷厂根据不同的开本大小，自有相匹配的字体字号和版心的处理方式。随着市场经济的发展，以及与西方文化交流的进一步增多，整个艺术设计领域逐渐走上正轨，设计概念进一步提升，设计师们意识到要想发挥设计的力量，必须结合科学的技术手段。同时设计层次的提高在于对信息的整合设计，设计师们必须参与到文本的设计中，从对文本的构架入手，将文本纳入到设计语言中，以字体和字号的变化，以及书籍中版式的变化入手。今天的纸质材料极其丰富，这为设计师拓展设计语言提供了便利的条件。由于技术的进步，材料成为独特的设计语言，十年前就有设计师利用纸张的特点设计出无字无图的书。如廖洁连的《纸白》正是基于这样的理念，利用纸张的肌理和透明度以及印刷技术的特点，设计出了这款别致的书。

读图时代的网络媒体设计特征为网页信息是多版块分割的，每个版块的文字量有所控制；图文结合；通过点击进入次级页面，利用超链接解决文本内容的深化问题。网络阅读体现为无限制深入，由于各类文本超链接的存在，只要点击就可以无休止地阅读下去。

读图时代的一个典型的体现也来自网络的闪图与静态图的设计。所谓闪图指的是二维动画软件制作的小动态图，这类图分为两大类：一类是出现在网页浮窗上的商业广告设计动态图，常见的有网页游戏广告，或者商业广告类小动画，如汽车的动态广告；另一类是食品饮料类广告设计，常见的有某种品牌的饮料动态广告、麦当劳或者肯德基的动态广告。这些动态图在声音和动画的设计上吸引上网者的视线，以便更好地体现网站的商业功能。但是，网页设计的商业化特征也变成了一种信息干扰，很多读者在阅读网站的时候不得不分心去关闭或者利用软件拦截这类商业广告的小浮窗，媒体报道中常提到的信息垃圾也多在这类闪图中见到。

4.3.1 电影语言对书籍设计的影响

读图时代的纸介书籍特征为书籍功能划分更明确，商业类书籍和文艺类书籍泾渭分明。以追求商业利益为主要目的，市场的本质是满足各类读者的多元化需求，因此对于个性化和艺术化的追求也是基于这个目的的。在欧洲，巴黎的书店或者日本的书店中，经常可以看见非常明确的以书籍功能划分的区域，有专门的杂志区，如同这个时代和这个社会的小窗口，各类杂志种类五彩纷呈，涵盖各行各业和各类爱好；有专门的纯文学类书籍，这类书籍的设计相对单纯，版式简练，最大限度地保留了传统的书籍设计特征，如果想要了解传统的书籍形态在这个区域将会得到完美呈现，而这类书籍中最知名的品牌当属企鹅出版社的产品（见图4.3）。企鹅出版社是世界经典的出版集团之一，成立于1935

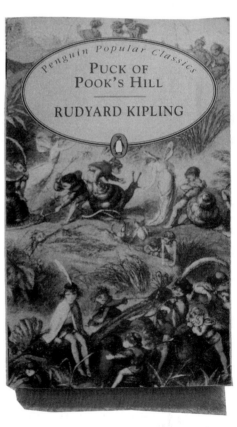

▶ 图 4.3　企鹅出版社的口袋本书籍

图片来源：Rudyard Kipling. Puck of Pook's Hill［M］. Penguin Popular Classics，1996

年，迄今为止已历时 71 年，漫长的出版岁月中，其文学类书籍设计的特定版式和特征已经成为经典小说口袋本设计的典范，富于古典美的设计以及内页所采用的轻型的蒙肯纸成为企鹅出版品牌的符号；每当看见企鹅出版社的口袋本书籍，就会记起拿在手中那本轻薄的小书，以及微涩的手感，甚至能记起油墨的味道。一本在包里装了很久的书，已经磨得边角泛白，打上了时光和个人化的烙印，这种体验是在电子书的阅读中无法感受到的。此外还有专门的儿童图书区、生活图书区等。功能的划分决定了设计的风格，以此来确定书籍是否遵循传统的设计风格，是否具有创新设计的需求。

　　文本的设计在传统意义上属于出版社编辑的工作。在传统的流程中，编辑将安排文本的内容和表现方式。随着现代书籍设计的个性化需求，设计师不得不从最根本的资源——文本本身获得足够的灵感。从信息本身入手进行设计的特点，体现为设计师的个性化语言，设计师对文本的理解和编辑带有主观倾向，这就是今天我们看到很多同样的文本内容却有多种版本的原因。很多经典文本被不断再版，读者可根据每个出版社的设计风格选择适合自己的版本。同样是红楼梦，已经有不同的出版社进行再版，有绣像红楼梦，采用民间的绣像作为插图使这个版本别具特色；在 20 世纪 50 年代，人民文学出版社出版了一套"人文社通行本"，是老读者们及其熟悉的版本，在 1997 年还出版了新的版本称为"今本"。在国内经典的著名出版机构如三联出版社，一直以高级知识分子受众群占有稳定的市场，它所出版的书籍设计风格较为传统和具有书卷气。近年异军突起的广西师范大学出版社出版了大批学术人文图书，先后出版了钱穆、唐君毅、劳思光、杜维明、黄仁宇、余英时、白先勇、王尔敏、孙隆基、傅斯年、梁羽生、朱光潜、王世襄、叶澜、陈丹青、钱理群、李泽厚、韦伯、房龙、雅尔卡、尼尔·波兹曼、瓦尔特·本雅明等一大批中外学者的著作，浓郁的人文精神和学术风格在海内外均享有盛誉，在书籍设计中有着很明显的特征——具有高雅的设计品位和精良的印刷技术，使这个出版社在读者心目中具有鲜明的形象。

　　并不只有书籍是依照文本进行加工的艺术形式，在其他艺术中也有着新的突破，以 1998 年的德国电影《罗拉快跑》为例（见图 4.4）。这是

▶ 图 4.4　影片《罗拉快跑》的非线性故事

一部讲述罗拉拯救男友的故事，整个电影围绕着罗拉如何争分夺秒地奔走在解救男友的路上，电影语言的创新使之成为电影艺术探讨的经典。本片一改传统的线性表达模式，采用分段式来表现主题，分段式的语言打破时间的线性与逻辑、时空观的绝对性，即时间的不可逆，运用三种选择，三条不同的路导致了三种不同的结局。电影里含蓄地表现出蝴蝶效应的影响，即人的命运都是在一个看不见的大网中相互影响着的运行轨迹，每一个不同的选择和举措都决定了未来的发展。镜头运用借鉴了游戏的界面，采用全知视点与主观视点的结合。全知视点是来自于游戏的经典视角，即观看者如同了解全局的上帝，看着罗拉奔跑在命运的路途上，同时，在游戏程序的设计中，操控游戏的玩家可以随时暂停游戏，即便游戏中主人公死亡，也会满血复活，在中断的地方重新开始，也可选择不同的道路以期获得不同的结局。这部电影的意义在于不仅对通过线性来叙事的艺术语言开启了多重、同时模式的运用，同时对叙事的形式也开启了全新的探索。

非线性的书籍设计构思体现在：其一，书籍功能的拓展；其二，阅读思维的多样性。

书籍功能的拓展，表现在除了书籍表现主体的内容外，还附加有读者参与的功能。这并非是新的设计思路，在书籍功能的拓展上少儿图书的设计体现得尤为突出，很多学龄前儿童的图书设计是将书与游戏结合在一起的，通过纸张的翻动、折叠、穿插等功能，一边学习一边游戏。这种构思早在 20 世纪"二战"期间的欧洲就已经有出版物，那是给学生看的有关生理知识的科普读物，利用异形裁切的纸张翻、折和开启等方式将男女的生理结构表现出来。

还有一种书是属于作者与读者的共同创作（见图 4.5）。读者在阅读过程中可进行二次创作，通过记录文字或信笔涂鸦，使之成为读者独一无二的读本。常见的有结合插图画家的插图和空白笔记本功能的页面设计，强调个性与艺术性。在这个案例中，读者们看到的是艺术家的作品，以及可供读者涂鸦的空白页面，当空白被涂满，每个人就会获得属于自己的书籍。

▶ 图 4.5　一本属于读者与设计师的书

图片来源：Jetoy 手绘本

　　从拓展阅读的思路来看，这种有读者参与的阅读会导致叙事结局的不确定性。传统中的书籍通过完整情节的描述，结局是固定的、唯一的，当读者阅读到最后的时候，故事的结局就在那里。然而《罗拉快跑》电影中的叙事方式在书籍设计中的启示就是结局并非是唯一的，结局也许是不重要的，过程或者在过程中引发的思考才是本书的重点。这将回到原命题，阅读的目的是什么？传授知识和启迪智慧。在这似乎是不变的答案中，读者了解到启迪智慧的方法有很多，只要能引发思考的内容都是值得阅读的内容，而引发思考的方式是多种多样的，今天的设计师们就为读者提供了多种可能性，读者在阅读的过程中按照自己的方式去寻求答案。

4.3.2　纸介书籍外延的拓展

自网络时代以来，书籍的外延得到了很大的拓展。从书籍本身的功能来看，承载信息、可以阅读和传播的形式都可以在广义上成为书籍。各种电子阅读器，包括智能手机，各类能够连接互联网的电脑都是书籍外延的拓展，尤其是手持的智能手机和平板电脑等。在下载的电子书的程序上可以模仿纸张的翻页，人们只需要不断下载或者上网就可以随时阅读故事、新闻。

书籍在前卫的设计师手中成为艺术品，成为表达思想的载体。在美国的哥伦比亚大学，书籍与纸张艺术中心每学期都会有各种训练课程，面向全世界致力于书籍设计。这些课程涵盖两方面的内容。

其一是继承传统纸张技术和书籍装订技术的课程，严格地遵照传统遗留下来的技术造纸、设计并制造书籍，例如西方传统的羊皮书（见图4.6）的制作方法，以及在古老的西方书籍中可以看见的被彩墨随机染成的作为环衬的纸，其传统的制造工艺等。

其二就是创新，在新的技术支持下，设计师发挥想象力完成探索性的书籍设计。在这一层面的书籍设计往往超越了传统的束缚，或者将传统技艺重新嫁接形成全新的形式，重点在于传递信息和设计师的思想。在设计师的作品中很多已经和装置等艺术品融合在一起了，这也是书籍外延的拓展。

无论是电子还是纸介的载体都具备了书籍阅读的功能。今天人们对于阅读的需求依然不变，正如千百年来阅读是人类文明进程中必不可少的习惯，没有阅读就没有人类的文明，没有书籍就不会有人类的进步。大多数喜欢安静、长时间地进行阅读习惯的人们会选择经典版本的书籍进行阅读；那些插图本、图文本的书籍适合工作繁忙但是又希望获得新知识的读者，在工作间歇或者乘车的时间中阅读以便很快获得要义。与过去不同的是，传统的观念中只有娱乐性的内容适合做图文书，现在很多哲学类的内容也开始尝试做图文书，方便读者在短时间内了解需要花上很多时间进行研究的内容。在20世纪90年代末，三联出版了蔡志忠的儒家绘本，获得很大的好评。符号学作为一门研究语言的方法论，充斥着艰涩的名词和原理,《视读符号学》的面世,给读者理解其中深奥的内容和错综复杂的流派之间的传承脉络提供了方便。这并不是说这些视读的图文书能解决全部的问题,然而对于作为需要花上大量时间进行研究的读者以及初学者来说它是很好的补充材料。正本和图文的结合满足了人们的深浅不一的需要。

▶ 图 4.6 西方古典羊皮书

图片来源:西方古典羊皮书——作者自藏

作为商业需要,同样内容的书籍根据不同年龄段的读者受众,设计师们会按照出版社的要求编辑文本,有所侧重地体现内容,很多教材类的书籍就是这种商业应用的体现。例如学生们学习软件的教材,同样的内容有偏重实战的,也有偏重理论的,书籍内容的日益细化可见商业需求对于图书设计的重要性。有关安徒生的童话已经出版了很多，有各种适用于儿童的插图本，也有成人可以阅读的，叶君健翻译的老版本，配有原著中古典的铜版插图，古色古香中流露出迷人的魅力；三联书店曾经出版了一本安徒生的剪纸插图，就是搜集他曾经的剪纸手稿，并将之设计编辑成一本精美的图书，让读者领略了安徒生富于艺术气质的另一面。

　　国内资深书籍设计师陶雪华认为在一切艺术设计活动中，观念始终是重要问题，当然书籍设计更是如此。她这样来评价纸介书籍设计的问题，当前传统的书籍正经历着变革，电子书的出现从根本上改变了我们的阅读习惯和信息传播方式。与此同时，读者对于传统书籍即纸质书籍的期望也随之改变，对书籍形态和质量比以往有更高的要求。传统书籍可以给读者带来电子书籍无法提供的温和亲切的阅读享受，纸质书籍或许因为具有这个灵性特质将经历一场书籍的文艺复兴[35]。因此这是一个重要的时代，意味着书籍形态正历经重大变革，在观念上、视角上更为开阔灵活，形式上更多元，视觉上更富于美感。

第 **5** 章
当代纸介书籍的形态特征

5.1 创造新的阅读方式

　　世纪之交的有关纸介书籍和电子书籍二选一的问题最终被证明是人类的杞人忧天。从历史的角度来看，新媒体的诞生总会让一些敏感的人为旧媒体的生存与发展感到忧心忡忡。电视的发明曾经引发人们对报纸和收音机的未来以及阅读习惯缺失的担心。事实证明，新媒体的出现并没有导致旧媒体消失，报纸、收音机还有电视一直到今天仍然有着各自的消费者，满足着人们不同的需要，甚至很多人同时拥有着这些家电。比如有些人工作之余无暇关注网络或者电视，但他们会通过收听广播来充填工作时光；很多家庭主妇在为家务忙碌之时也有收听广播的习惯，收听音乐或者新闻、娱乐节目等，利用听觉为自己的工作增加轻松感或起到调剂作用。在可以完全停下手中工作的时候，人们会坐下来看电视以及阅读，iPod 和 iTouch 这类便携式移动产品的出现，使娱乐更具有针对性和专业性，规范了人们欣赏音乐的行为模式，是一个完全属于自己的音乐库。事实证明人们并没有因为电视的出现就减少了阅读，准确地说人们也许会减少阅读纸介书籍的时间，但是随着其他媒体的出现，阅读的外延得以拓展之后，人们会选择阅读新的媒体，阅读的习惯并没有停止。杉浦康平在《书与电脑》季刊中的"韩国特集"部分内容中发现，韩国设立了首尔地铁图书馆，即在首尔的地铁中，车厢内的行李架上放置各类图书，鼓励人们在乘车的间隙阅读书籍。这说明传统的阅读习惯不仅没有消失，还以更贴合现代人的生活方式存在着，为阅读的行为做了更有力的诠释[36]。

由于便携式移动产品的设计越来越精巧，功能越来越细化，人们选择性地利用这些产品丰富自己的生活，这就是今天这个时代的娱乐特点。而纸介书籍会怎样呢？它非但没有日渐式微，反而变得越来越具有艺术性和个性，纸介书籍的设计拥有了更多、更职业的设计师。

纸介书籍的设计与字体、艺术、技术等元素的联系越加紧密。

纸介书籍设计的概念被不断扩大并获得尝试，形成以体现"翻阅"为基本形式的艺术手段，将文字阅读和视觉欣赏，以及材料触感等几个要素自由转换融为一体的艺术。融合了艺术与设计、手工制书技艺等领域，全球的艺术家们已亲手制纸、绘制插图、印刷直至装订，将材料语言和触感、视觉美感整合在一起，以设计师个人化的语言解析书籍的艺术，强调纸介书籍的独特魅力，以此将阅读的行为继承下去。

纸介书籍的设计成为文化生态圈的重要载体。因为书籍与文字息息相关，若想将一个国家和民族的文化继承和发扬下去，文字必须有一个得以栖息的、适当的载体，纸介书籍就是重要的载体之一。

传统中技术总是处于幕后的推手，艺术形式之间是相互借鉴的。随着近年来建筑风格的影响，比如高技派建筑就是突出现代工业技术的成就，有意识将建筑中的网架结构、室内的梁板等结构、线缆等原本在传统技艺中应该被隐藏的元素反而予以强调，将技术展现的秩序美以及机械美作为一种表现语言体现在建筑中，近年来也形成了高技派多元化的格局。密斯·范德罗曾经说过："当技术实现了它的真正使命，它就升华为艺术。"这使人们意识到高技派建筑已经上升到了一种基于科学技术的艺术流派。而作为一个综合的艺术形式，建筑一直以来都会对别的艺术形式予以启迪和指导。书籍也是一样在历史上曾深受建筑的影响，建筑的六面体空间概念，以及连续的空间感都给予书籍设计很多启示。有人曾将书籍比喻为建筑一般的空间，空白在页面中连续流动；古代的线装书就是把技术的机械美、几何美呈现于眼前，既能满足将书页装订在一起的功能，也能满足视觉上的美感。近年来，有不少"复古创新"的设计，利用线装书的特点制作出现代的书籍，有的书籍设计特意将书脊装订的状态暴露出来，显示一种技艺的美。

多元文化和多元的生活方式必然促成多元化的表现语言。这些阅读方式的变化并非是通过取代传统的阅读完成的，而是共同形成丰富的表现语言。今天从别的艺术形式中的语言的丰富性可以看到这个时代的普遍特征，这是艺术家们在尝试以自己的方式表达对这个世界的理解。这也启发了书籍设计语言，设计师们可以根据文本类型，策划并创造出独特的阅读流程。

伊马布曾经说过，对做书来说，改变书籍的视觉形式易，改变读者的阅读方式难，要想在后面这个层次上实现精确的"等价交换"，就必须实现更为深入的转换[37]。

纸介书籍新的阅读方式受到新媒体的影响。适于读图时代的书籍内页设计有如下特点：文本版块划分明确；图形语言增强，部分文本信息可视化；阅读流程多样化。

所谓立体阅读就是在阅读时由于书籍设计的特点，人们增加了思维的启示点。除了文本带给人们直接的思考以外，人们的思维还悄悄地受材料和装订形式的影响，纸张的色泽、肌理会影响人们的触觉，纸面光滑的质感令人觉得柔和，粗糙的质感令人感受到朴实，加上纸张中色彩的明暗度、色相的变化等，这些要素汇集在一起潜移默化中影响了人们的思考。装订可以改变书籍的翻阅顺序，就像建筑中特有的导引设计将参观者的脚步引向未知的空间。这种思考感受不是单一轨迹的，是一种全方位的、立体的思维，如果将思维的轨迹可视化，如同一张网，线与线之间交集的点都能引发人们的感受。

另一种非线性阅读的表现还体现为阅读流程的改变，阅读并非是按照顺序从头开始、从左至右，而是可以从两边开始，或从中间某一部分开始，形成跳跃式的非线性阅读。

传统书籍的设计中，设计师如同电影导演一般，调动各个元素安排情节的开始、发展、高潮和结尾等，在网状阅读和非线性阅读中都体现出同一个特点：读者在阅读过程中的主动性增强，不再完全按照设计者引导的思路去阅读。由于文本划分为版块，次级的各类标题设置就变得很重要，它们提示着每个文本块的主要内容。甚至在某些段落中，设计师会与编辑合作，共同商讨文本需要突出的重点，提炼出哪些语言文字，作为相对独立的设计，诱导或强调文本要表达的内容。这些设计都旨在使读者在很快的时间里迅速抓住要点，提高阅读效率。

　　传统的阅读习惯，目录加页码都是读者所希望看到的内容，这种借助索引来寻找对文本内容的把握实际上受到了设计师的引导。久远以来，读者的阅读行为和思维自由都是被这样固定下来的。不过，越来越多的设计师开始发掘读者自我发现、自我塑造阅读行为和自由思考的能力。在伊玛布的一本一千多页的大部头书籍的设计（见图 5.1）中，通过非线性阅读的形式开始，将一本厚重的书呈现在读者面前，没有章节之间的逻辑性，没有索引，读者可以从任何一章开始阅读，书籍设计中的书签线用来为读者个人的阅读做标示。

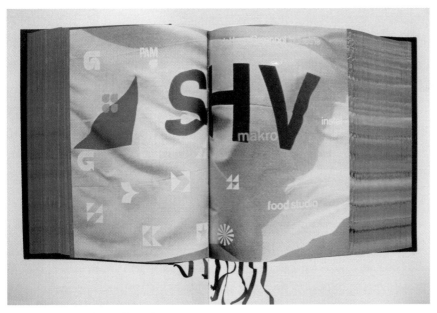

▶　图 5.1　伊玛布的书籍设计

　　在伊玛布看来，不同的阅读会引发不同的判断，思维的累加将使人无限接近真理。

　　一本好书不仅是内容好，重要的是设计师用最适宜的方式将其内容完美呈现。内容呈现的形式越来越趋向于将阅读的自由交还给读者，让读者在更多的阅读形式中选择适合自己的，或者针对性强的方式。

5.1.1　传统阅读的优势

　　无论科学技术发展多么巨大，人类千百年以来的一些习惯和行为是不会改变的。例如烹饪，科技改变的是饮食料理的器具，新材料和新技术仅仅帮助人们缩短料理食物的时间和流程，提高效率；尽管锅具和灶具的技术日新月异，但是人们饮食的习惯和方式却不会改变，中国西南区域的人们对辣味食物的喜好和烹饪方式仍旧世代相传没有改变，北部人们喜爱面食的习惯促使人们在发明了很多有关制作面食的现代化机器后，食用面食的口味和方式却仍然没有改变。读书的习惯也是一样，现代印刷技术突飞猛进，随着计算机技术的进步，数码印刷已经成为普遍的方式，各种类型和质感的纸张给设计师更大的选择性，当人们手捧经由现代技术生产出来的书籍，却仍以最传统的方式，一杯香茗在手，坐在松软的靠背椅上开始美好的阅读之旅。

　　传统书籍的生产和设计方式规范了人们的阅读习惯。在铅字印刷时代，不同字号的铅字对应书籍内页的各种功能。有专用的书籍封面中用于书名的字体，也有符合目录页特有的字号组合，还有匹配正文的铅字，以及有关注释等最小的铅字。由于大批量生产，及为流水线的生产节约成本、提高效率，书籍设计有着一定的规矩和格式。而长久以来，尤其是从新中国成立后到改革开放以前，书籍设计师所做的只是有限的装饰，封面和插图的设计变化会相对多一些，内页习惯于用题花等装饰于篇章和段落之间。读者们习惯于按照目录索引开始阅读，根据章节设置次第而读，在阅读的停顿处会安置书签，以便再次阅读时顺利地相续，而传统的文本也是根据内容的先后、发展秩序线性进行的，首尾呼应，如跳过的话对其内容的把握就会出现混淆和模糊。

　　传统阅读方式的优势在于设计师已经规定好了一定的阅读模式，以此指引读者的阅读流程，按部就班、有顺序的进行阅读。这样对于信息就是一个完整和有逻辑的把握，如果读者想要改变这个阅读习惯，例如采取跳跃式的阅读，只会获得局部的信息。

即便是在今天这个充斥着多元阅读方式的年代，传统的阅读方式仍然是人们阅读的主要选择。但是这样的传统阅读方式在今天出现了微妙的变化，在版式和字体选择以及纸张的选用上格外细致。

满足传统阅读习惯的书籍主要是纯文学类，文学类书籍一直充满了鲜活的生命力。人们对文学类书籍的喜爱和需求不会变淡，只会越来越强烈。因为一本好的文学作品是一个世界的窗口，是人类心灵通向自由的通道。在现代社会的压力下，纯文学作品成为人们的精神武器，人们需要由此获得灵魂的暂时放松和慰藉。因此这一类型的书籍设计仍然保留着传统的模式，书籍整体设计是按照摘要、目录、正文和结尾等各部分的顺序来完成的。

这些传统的版式设计中一如既往以文字为主，很少甚至没有插图。但是在其他元素上也慢慢有了一些变化，正文字体的选择增多了，虽然字体仍然是严肃的印刷体尤其以行楷、宋、黑为主。国内著名的字库有方正字库、汉仪字库、微软字库等，仅仅是宋体字就有一百多种可供选择，例如书宋一、二简，仿宋，长宋等，在笔画疏密和停、顿笔收尾之处会有微妙变化，不同类型的文本内容选用不同的字体，使之气质各异，正如人一般，同样是具有书卷气的人却又不尽相同，有的儒雅，有的舒朗。《禅宗美学》这部书里，描述的是东方禅宗哲学与审美的关系，由于宋体字是最具有纤细秀丽之美的字体之一，且大方朴素，适合这本书的内容，正文选用的是宋体 12 号字，而书眉上则是宋体 9 号字，用以提示本章本节所论述的内容，既不张扬以免影响读者对正文的阅读，也恰到好处地起到了提示作用。此外，在该书的正文中还常常有引用古代先哲圣贤的原文，以示区别故，这些原文采用了更为纤秀的仿宋体 10 号字。版式质朴而具有书卷气，易读而美观，纸张采用的是小麦色的无光泽 80 g 纸。墨色与纸张的对比度较柔和，在阅读中读者不会感觉疲劳和生硬。

与丰富的技术语言形成对比的是近年来很多书籍设计呈现出了简约的设计风格，书籍设计回归到最质朴的风格中。整体设计都是黑白二色，全套书没有任何装饰图片，封面全白色有光泽，二号黑色宋体作为书名，黑白对比强烈，突出了书的主题。内页的版心靠下，切口处的空白为

1.3 cm，底边空白 2 cm，其特别之处在于天头的空间留出了 5 cm 的空白，在传统设计的基础上有了大胆的突破。尽管整套书都是按照这个基本的版心设置来设计的，但是每本书的版式设计还是存在着微妙变化的，例如在隈研吾的《负建筑》一书（见图 5.2）中，版心还向下扩了 5 mm，具有这么大空间的天头被安排上了插图，插图的高度被固定在 3~4 cm 的高度。这种反常的设计使插图成为一种索引，成为文本的辅助和说明，这种强烈的对比将文本的重要性夸张地突出来了。此外，页眉的文字运用了极纤细的楷体，大约 4 磅，页码则是相同字号的等线体。

▶ 图 5.2　隈研吾《负建筑》

这一系列书的其他册则将插图作黑白两色处理，强调了书籍的整体风格设计。《田中一光》一书中的插图则放置了一些四色彩图，这是在高度统一的简约风格中又求得了一些变化。这套书的纸张采用的是米色琥珀柔面雅纸，纸张纤维细腻，油墨墨色的层次分明，能印刷很纤细的字体，光泽度柔和，有涩涩的触感，这些微妙的材质语言如同暗香迎面，悄无声息地将"品质"二字的含义传递给了读者。总而言之，这是新时代基于传统又未僵化地禁锢在传统中的设计，简洁而不简单。

这充分说明在今天的设计中，依然会根据书籍的内容尊重传统的阅读习惯，而非一味地在形式上求新求异。新的变化体现在遵照传统模式的过程中变化更加含蓄、微妙，例如版心较小，留下较多的页边空白页，行距加大，这些都是为了便于读者减轻阅读的疲劳；正文、小标题和注释等不同的功能就会选择不同的字号和字体进行区别。日本装帧设计师铃木成一谈及设计的体会时，对文字具有特别的感触，他说提到文字，人人皆知是用来表意的符号，但同时，它们也各具不同形态；对于文字的运用，甚至可以左右读者的阅读感受，达到"使读者以设计者所期望的方式和语意去理解一段文、一句话"的效果。在《书之杂志》中有关椎名先生质朴纳言，设计师就是以字体现其文本的气质。此外，在为北野武创作的诗集所设计的封面中，因其书名中有呆瓜的意思，故特意将字体在设计中打破平衡感而变形，使之异于常态[37]。

纸张的变化是今天传统阅读模式设计中相对最明显的变化。技术的进步是设计师们的福音，丰富的纸张在肌理、重量和色泽上给予设计师太多的选择；同时丰富性意味着变化的细微度，阅读中的人们不一定会清楚地感知这些变化，但是阅读的流畅性却充分说明了这些微妙设计的成功之处。

5.1.2　书籍设计与多元阅读的方式

长久以来读者选择书籍的标准首先考虑的是书籍的内容，这是衡量阅读的首要标准，较少读者会仅仅因为装帧漂亮或者装帧与内容名不副实而购买一本并不需要的书。这一选择购书的理由在今天依然重要，但是，除此之外同样内容的不同设计版本却让读者有了更多的选择。选择适合自己阅读的书籍，有以下几个方面的因素考虑：首先会因为字体设计的比较合适，行距舒展，看起来比较方便；也可能会因为书籍中插图精美而令喜爱者升起收藏的欲望；还有的会因为书籍的装帧比较特殊，便于读者有选择性地阅读；甚至有的会因为书籍装帧得可以拿起来就看，没有任何从头看到尾的压力，这是现代社会中常出现的一个普遍原因，很多人都有这样的一个体会，在觉得必要的情况下买回来的书却因为各种原因没有读完，会倍感压力，有的会反复阅读前面的内容而难以继续，这类书籍多是有一定的学术性的，需要人们静下来好好思考才能将阅读继续进行下去。

多元阅读方式并非阅读复杂化的表现，相反它是阅读的功能细分的体现。新媒体的出现使阅读变得具体而随机，从这个角度而言，阅读变成了时时刻刻都可能发生的事。在城市的公交车上，尤其在地铁中，经常可见的情形是几乎每个人都在阅读，大部分人在低头看手机，依然有人在看报纸，或者看传统的纸介书籍。有学者认为这个时代的人们缺少阅读，从技术进步的角度来说，恰好相反，人们阅读的时间增多了，但是阅读的内容发生了变化，很少有人手捧厚重的书。在公交车上的阅读调查显示，娱乐性内容和新闻性内容增多，稍次是有关专业性的，例如经济类和管理类的文章，再次是心理类文章。并且由于阅读对象的不同，其内容也会有差别。学生大多阅读与课本相关的内容，像英语，尤其是应付各类考试或者准备出国的学生们，无论用纸介书籍还是智能手机大都在背单词、看语法和阅读英语文章；上班族的年轻人会阅读经管类或者娱乐等综合性的内容；岁数再大一些的读者一般看报纸关注新闻报道一类的内容；在 40 岁以下的读者群中，无论何种身份和性别，都不乏玩游戏和看视频消磨在公交车上的时间的人。

这个时代的电子读物与纸介读物出现了功能的分化，并互相影响和补充，完善自身的领域。显然网络设计的一些特点大大地影响了纸介书籍的设计，尤其是版式设计，其中超文本链接及浏览式阅读对纸介书籍的影响很大。

网络信息的构架不同于纸介书籍的文本设置。美国专门研究网页有效性的权威人物雅各布·尼尔森（Jakob Nielsen）从 1990 开始研究网络阅读的特征，以发挥网络阅读的优势，使网页最大限度地吸引读者。他用"眼球跟踪仪"来研究读者的视觉流程，发现网络阅读与纸介书籍阅读有很大的不同，二者的区别在于纸介书籍属于线性阅读，读者要依照顺序从前到后方可完成一个完整的阅读流程，阅读过程相对专注和单一。

书籍设计师起着引导读者视觉流程的作用，版式设计根据书籍内容的需要让读者顺序阅读，纸介书籍阅读是一个相对封闭和完整的阅读过程。

线性阅读让人们在阅读时较容易保持单一的思路和一定的专注力，在一定的时间内完成相对完整的阅读。而网页呈现的开放式阅读则完全改变了这种状况，人们有选择性的阅读，浏览信息量增大，专注点易转换。这种阅读方式的优点在于短时间内可以获得很多信息，人们的思维方向不会是单一化的，而是多通道、多维度地进行，这大大有助于人们多角度地灵活思维。人脑中 3 亿多个神经元相互之间的连接越多，思维就越活跃，记忆也会越深刻。这种超文本链接的阅读方式是跳跃性的，可以使人们在不同的概念中转换思考，增加脑部神经元的活跃性。

然而超文本链接对于人类的阅读习惯而言并非全是优点，这种树状的获取信息的方式，以及跳跃式、标题化的浅阅读方式会形成一定的"阅读阻滞"，使读者脱离阅读专注性，这就是网络占据人们时间的原因。超文本链接使人们"越走越远"，网页上丰富的信息和多种功能使现代人的专注力下降，甚至有人认为它会导致语言能力减弱，知识趋于浅表和贫乏。

网络构架是树状结构，从主干上可以引申出众多的分支，这个分支的形成就是由超链接文本的技术完成的。超文本链接也称 linking hypertext，是指在网页上用文字链接的形式指向下一个页面，1965 年泰德·内尔森（Ted Nelson）发明了这种超文本技术。超文本也属于一种文本，它和书上的文本本质上是一致的，但是和书面文本相比，它的特点在于它是以非线性方式组织起来的。网络阅读的这种特征驱使读者跳跃性、选择性地阅读，研究结果表明只有 16% 的人会逐字逐句线性阅读。网络阅读是一种开放式的阅读，在阅读中会显示出读者较强的主动性。

内尔森的目的在于让计算机能够响应人的思维，使人能方便地获取所需要的信息，这种方式很接近人在阅读时的思维模式。

在阅读的经验中，人们会一边阅读一边进行思考。对出现在文章中的某些不了解或者感兴趣的名词、概念会停顿下来进行思考，而超链接的技术将一些网络上出现的新词汇设计成超链接，当鼠标点击在这个词汇上时会变换鼠标符号提示读者点击，便会进入下一级页面，在次级页面中出现的全是跟这个词汇相关的内容（见图 5.3）。通常做成超链接形式的词汇分为以下内容：各学科领域的专有名词或概念，新闻热议主题，重要的人名；网络中点击次数很多的词汇也会成为超链接的文本，这类词汇大多是网络时尚人物名字，或者网络热议话题的主题词等。

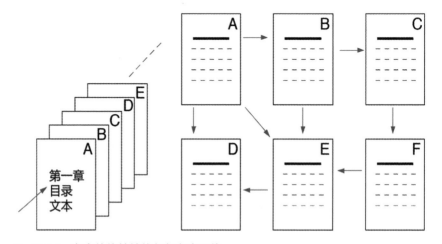

▶ 图 5.3　文本的线性结构与超文本链接

超文本链接的优势在于这项技术大大提高了人们的效率，缩短了获取知识的时间，思考中的问题都能及时得到回应，很多读者在网络上的学习节奏加快、信息摄入量增多。如果将人们在网络上阅读的流程视觉化，会发现它们如同沿着树木的主干攀爬后伸向四面八方的分支，形成树状或者网状的图形。

超文本链接形成了特有的阅读方式，对纸介书籍的设计产生了新的影响。尤其在版式设计上，每个章节甚至每个段落的要点作为另一个设计层次表现出来；或者在书籍的整体设计中安排特定的空间来进行另一种阅读提示，这些阅读提示在传统方式中是通过插图来完成的；新的设计通过不同字体和字号的文字处理来显现，或者通过与主体材质不同的纸张来区分，以适合今天的多点阅读形式，由此强化了多通道的思维方式。

现代的纸介书籍的设计中，设计师们相当于编剧的作用，对文本有着不亚于作者的深刻理解，这是当今纸介书籍的一个特点。在 21 世纪出版社跟德国联合出版的一套儿童书籍中，更改了常规的故事在结尾的处理方式，将故事的结尾放在中间，设计出了一本可以从两头看的书（见图 5.4）。文本的内容讲述两个没有朋友的孤独者相互成为朋友的故事，故事从两条线索开始展开，一个是因为自己的胆小被同伴嘲笑孤立，所

▶　图 5.4　结尾在中间的书

以决定脱离同伴踏上寻友之路；另一个是因为太过于胆大总是给群体成员带来麻烦而被孤立，于是也踏上寻找能够真正接纳他的朋友之旅，两个主角分别从不同的环境中走出，一路跋山涉水，最终在书的中间相遇。

这就是一个完全改变文本线性发展轨迹的设计，是设计师参与到文本编辑中的一个例子。

在访谈一类的书的设计中，可以运用材料的语言进行超文本链接的设计。在一本设计家的作品汇集的手册中，体现为对设计师的访谈以文本形式体现的话特地用有色纸来印制，设计师的作品则运用另一种纸张，读者在查看整本书的时候，发现书籍的切口部分的纸张是间色相搭的，翻阅时就会发现设计语言的规律，了解到彩色的纸张部分是设计师的对话录，白色部分是设计师的作品图录。很多读者在快速翻阅的过程中可以选择白色纸张部分看看设计师的作品图，如果感兴趣再进一步阅读彩色部分，看看设计师的观念和思维等，这是有效而有趣的设计。

5.2 技术语言与信息的传递

技术一直是幕后英雄，直到20世纪建筑中高技派的出现将原本应该隐藏在建筑内部的结构展示了出来，形成特殊的建筑语言，从另一个角度将技术之美展现在人们眼前。事实上无论是建筑还是产品，都是根据科学原理形成严谨的内部秩序才成就了外在的美。基于这个原因，在21世纪的多元设计语言中呈现技术之美成为大家认可的，甚至是潮流的语言之一。

在书籍设计中设计师们也做了这方面的尝试，根据内容来决定采用何种技术。

技术的语言表现力很广泛，就书籍设计领域而言，可以从以下两个角度来说明这个概念。

其一，书籍设计中技术的语言体现在印刷技术上。主要表现为油墨的创新研发，尤其是单丝印刷中的各种特殊色，例如金银色、荧光色等；

还有印刷模切技术、凹凸印刷的技术等;

印刷技术中运用特殊的油墨或者涂剂,利用热压或者化学反应等技术使印刷品获得一些特殊效果,多用在防伪技术的印刷中,例如钞票和具有高价值的门票等重要印刷品中。利用紫外光的作用可以清楚地看见被印刷荧光油墨的部分,以鉴别印刷品所代表的价值的真伪。还有一种单色印刷中的荧光色印刷,单色荧光油墨具有高出普通墨色多倍的亮度,色泽艳丽夺目,常常用在突出设计中的某些区域,例如印刷品的文字,或者图片的局部以荧光油墨技术使之成为设计中的重点,此外单色荧光色印刷近年来在服饰上的运用也非常普遍。

设计中凹凸技术的运用也是在某区域或局部用模板将需要突出的区域凸起或凹下,起到突出和体现层次丰富的作用,在印刷中常常用到,例如在《书籍设计》这本杂志中,白色封面上文字的变化并没有体现在色彩上,而是以凸版印刷的方式使之突出于纸面,用以获得区别。凹版印刷的原理也是一样,使强调区域凹陷于纸张平面,在光照中能看出凹凸的程度,用以突出重点。

还有模切技术的使用等,可以使纸张之间有更多的逻辑关系。模切技术是指运用模板在印刷中以切割的方式将纸张挖出造型,常常用来表现纸张之间的逻辑关系,在今天这项技术运用非常普遍。

其二,书籍设计中技术的语言还体现在装订的形式中,除了一直延续至今的传统装订形式以外,还有在此基础上形成的创新形式,利用新技术如锁线胶背订、塑料线烫订等,能够使书脊更加结实,纸张不易脱页。在 20 世纪之前书籍的装订被覆盖在封面的设计之下,一般意义上只有在书的封面破损的情形下才可以看见书脊的结构,今天在完成集结书页的基本功能前提下,装订本身也呈现出另一种技术之美。中国传统文化中,无论是器具还是书籍的形态都深含着传统美学法则:师法自然、含蓄内敛、崇尚清雅自然的气质等。中国线装书的书脊设计中就体现出了结构本身的美,麻线穿插形成的秩序感充满了质朴的味道,一如手工编织的器具。正是因为根植于心的东方美学观影响了普罗大众的审美,所以在日常生活中比比皆是来自自然之材质,经由手工精心编制的体现自然之美的形式,且相互影响和启迪。

由此可以说，技术的力量不仅是促进提高生产效率、节约成本的因素，还体现出技术本身也是艺术表现语言之一，在多元化语言表达的今天能够丰富和充实设计的世界。

5.2.1 纸搭建的空间

运用纸张的选择，最能体现出设计师的概念。设计师们会在了解材质特性的基础上，根据文本的需求选择与之匹配的材料，再运用相应的技术。有时候一本书籍设计更多是一种体现设计师概念的载体，版式和图形等已经不再重要，重要的是收集信息、整理并安排它们的这一过程。

纸介书籍的内页必然由纸材质组成。丰富的材质使得设计师们可以得到各种属性的纸张，例如：不同层次透明度的硫酸纸，通过透叠的效果将上下页之间的文字图形联系在一起。不同光泽度的纸，亚光纸张柔和而吸墨，让读者体会到温润细腻的质感；亮光的纸张光泽度高，墨色与纸张对比强烈，印刷内容将显得清爽亮丽。高反光度的纸张有着抛光金属的效果，具有很强的镜像效果，很多设计师利用这一点制造出有趣的创意点。还有不同肌理、不同色彩的纸张都借助本身的特点参与到设计中，让设计师在创作的世界里如鱼得水。

通过模切挖出空间透出下一页纸张上的内容，有时候是图形，有时候是文字，次页的内容跟本页的内容会形成一种逻辑联系，这种联系将两页分开的纸张联系在一起。在图 5.5 中，我们可以看到通过模切实现的有趣效果，插图是以镂空的方式呈现的，体现出了微妙的空间变化，平面印刷与部分图形的模切结合，镂空的部分透现出下页的内容。

第二个案例展示的是关于色彩组合的图像（图 5.6），其中利用了模切技术、丝网印刷技术。裁切、折页、装订工艺都由手工完成，通过手工折叠模切的部分，每一页的色彩元素都可以与其他元素相互组合，将某一页的方形色块按事先设定的虚线折叠到后面，便露出下面一页的色彩，同时折转的页面在反面出现，新的页面呈现出新的色彩组合。

▶　图 5.5　书籍中的模切

▶　图 5.6　书籍中模切与丝网印刷技术的结合

模切技术使书籍内页具有了意义，使在空间上呈线性阅读的纸张变成了同时性图像的呈现，这是引发人类视知觉的力量。对于影像的第一观看产生的印象，在维根斯坦看来，就是看一个对象而已，不用去思考；反过来，后者那种突然"发现"了另一面的时候，此时所表现的视觉经验，同时包含了思考在内，所以，一个面相对我们的突然闪现，似乎是一半视觉经验、一半思想 [39]。

虽然印刷技术问世已久，但手工技术依然深受书籍设计师们的推崇，这不仅仅是因为传统的技艺需要保留，更因为手工制作的图书是独一无二的，它包含了更多的情感与启迪。欧洲很多学校在利用现代化技术进行设计的同时也保留了手工设计书籍的工坊或工作室，有专门的懂得古典装订和设计的老师在传授这项可以称得上非物质文化遗产的技艺。纸介书籍不仅仅作为商品活跃在出版业和印刷业，它们也成为艺术家表达自我的一种形式。像我们熟知的著名作家卡夫卡，艺术家杜尚、达利及安迪·沃霍尔等，以及今天活跃在艺术界的艺术家 Churck Close、Kiri Smith 等也热衷于以手制书的形式来表现自己的艺术思想。书籍在他们眼中成为一个表达自我观念和情感的载体，这点与作为商品的书籍有所不同。荷兰书籍设计大师伊玛布是一个特立独行的设计师，她从艺术家的角度进行设计，将书籍看作为一个六面体，在这个六面体上的每个部分都可以成为启发创意的点。伊玛布曾经花了五年时间设计和制作了一本企业手册，前三年她去了和企业相关的各个地方，收集整理各种资料，并进行采访，最后汇总企业提供的资料，设计出了一本著名的企业手册（见图 5.7），如今这本企业手册已经成为一个书籍艺术的典范。伊玛布利用书籍的厚度将公司的名称显示在切口上，具体方法是每页的切口边缘会有几毫米的纹样，设计师通过计算纸张的厚度确保印刷在每页页边上的图案宽度，以保证最终呈现在切口上的图样是准确而清晰的。

在图 5.7 中，书页被镂刻成房屋的图案，表现出同装置一样的艺术品，透过光影展示出书籍形态的另一特性：手制的艺术品。

▶ 图 5.7　伊玛布设计的企业手册

　　纸张如此丰富，书籍设计师们将纸张的语言发挥到了极致，除了对印刷在纸面上的文字和图形进行策划之外，不断研究各种材质的纸之特性以匹配设计也是设计师的乐趣之一。在该书中，设计师采用自制的纸，并运用经折装的形式来表现主题。

5.2.2　图与文字的表演

　　纸介书籍的本身是个物质的形式，承载之上的是图形与文字符号。本节探讨的内容是基于平面设计角度的。传统的书籍版式有着自身的形式规律，一切要素都呈现于版心、天头、地脚等平面空间之中——无论它们的排列组合呈现出怎样的视觉效果。图与文字的编排不仅仅是在纸的舞台上的表演，而是基于视觉习惯和视觉机制的排列，回到书籍的易读性上就会发现形式在书籍上是与内容相匹配的。

前面提及的技术的进步给设计师们带来了灵感和便利，但同时也暴露出一些问题。技术带来的是硬件更新和多样化的表现方式，这些会导致一些设计师迷失在技术之中，在书籍设计中会出现一些形式与内容难以匹配的现状。由于追求商业上的利润而过分追求技术的表现力，夸大形式以博取一时的关注率是今天设计中常见的弊端。纸与图文组合在一起可以呈现出难以预测的美妙形式。如果将书籍这个六面体作为一个特殊的展现舞台的话，每一个获得业界肯定的书籍设计师都是这个舞台上才华横溢的导演，在他们的创意中，纸张与图文如同舞台上的演员一般被安排得不仅符合阅读的需求，而且有令人眼前一亮的创意。汉字是具有图形特点的符号，它充满了可以辨识的图形感，同时还具有含义，世界上没有哪些符号具有这样双重的功能。很多现代设计师找到了汉字与图形之间的关系，香港的书籍设计师廖洁莲仅仅在纸世界里就以最简单的元素和黑白两色表现出了最丰富的设计世界。她将汉字放大缩小，既展示出可以阅读的一面，又展示出特殊的图形效果，利用纸张的特性使读者充分理解了材料的语言和文字的图形感。

纸张成为一个舞台，图与文字在其间相互交融、配合完成设计师的构想，为读者带来更多富于启迪的闪光点。在如图 5.8 所示的书中，利用凸版印刷原理，封面上用橡胶材料做成的凸版图案可以涂上油墨后印在纸上，不仅与书的内容匹配，读者还可以印制出一张张版画，大大增加了阅读乐趣。

5.2.3 引发互动的装订形式

除了印刷技术语言之外，在传统基础上发展创新的装订技术也扩充并丰富了书籍设计语言的词汇。东、西方书籍传统的装订方式一直延续到今天，装订设备日新月异，但是装订原理没有改变，骑马订和锁线订、平订等一直是基本的装订方式。从以前简单的机器锁订到今天的胶背订和塑料线烫订等都会根据纸张厚薄、书籍设计的需要进行应用，在这一基础上也有越来越多的书籍艺术家尝试着各种装订形式，使之成为完全不同的书籍形态。一般意义上书脊只有一个，但是文本中包含的多个内容，可以利用双书脊的形式来体现，从两边都可以阅读的书意味着文本的内容被分成了两部分，读者可以根据时间任意选择阅读。这是中国传统的经折装的运用形式，强调图形的连续性和整体性，通常会以连续折叠的经折装形式表现在图形的版式设计中。

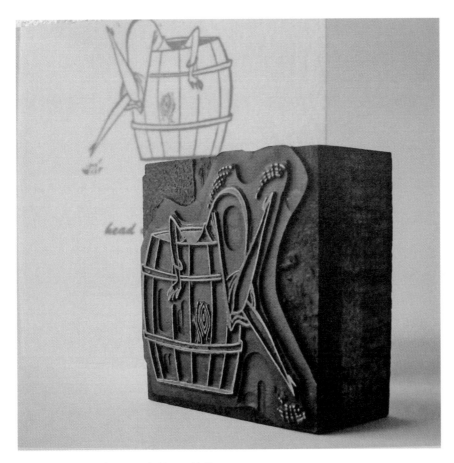

▶ 图 5.8　一本封面可以印制版画的书

图片来源：Janing Yuan. Paradise of paper art ［M］. Designerbooks，2014

图 5.9 所示是一本用传统锁线方式装订的书籍，采用再生纸印刷，设计师在传统方式之上利用锁线形式分别跨封底和封面做了特殊的锁线设计，增加了手工装订的味道，质朴而厚重的设计让读者重回美好的手工时光。装

订形式中还有一种借用手法，符号学中以集合来分类同种属性的元素，借用手法中采用的是另一个集合中的元素。

▶ 图 5.9　手工装订设计

图 5.10 所示的书籍设计中同样也是利用手工纸张，并不整齐的边缘刻意保留手工纸粗糙的质感，令人耳目一新的是装订形式中封皮的不规则性，强调封面作为"包装"的概念，呈现出两个书脊，既能保护书脊减少磨损，又有着较为现代和个性化的风格。

图 5.11 所示的是一本医学专业书籍《自控》，其主要内容是关于神经学的，书脊特殊的处理打破了一般科学书籍平淡严肃的风格，设计师采用锁线装和裸订的形式将书脊展露在外，产生较强烈的视觉冲击力，令人联想到抽象的概念。更具特色的是本书的封面是书的第一页，上下增加了一个黑色衬板，不仅易于翻阅，其个性化的设计会让人联想到医生用的书写日志的纸夹。

▶ 图 5.10 TEEHEE

▶ 图 5.11 裸装的书籍《自控》

图片来源：[英]罗杰·福塞特. 装帧设计 [M]. 北京：中国轻工业纺织出版社，1992

5.3 纸介书籍的交互式阅读

互动的概念自古就有。互动最早指的是人与人之间相互呼应的行为，形成建立在人们之间的交流；此外互动还指人与环境、人与物之间的相互呼应关系。环境与物对人产生影响，引起人们的反应都可以形成互动。互动是人类衍生和世界发展的基本形式，没有互动就没有文明的发展、没有人与人之间的沟通。

近年来，在设计中常强调交互的概念。交互是源于互动的说法，因为设计是为了人的需求而服务的，为了更好地在人与环境或者人与物之间建立良好的关系，人们会去研究互动的动因和机制以及产生互动的条件。这便衍生了一门学科——设计心理学，在现代人机工程学的研究内容中，越来越倾向于对人类心理和情感的研究，而不仅仅局限于对人的生理构造的物理性研究上，这是与以往不同的交互设计的发展趋向。美国阿兰·库珀的《交互设计之路》，副标题为"让高科技产品回归人性"的书中谈及了科学技术的进步并非完全如人所愿给人们的工作和生活添加助力，相反，有时候人们会受困于科技的进步。他提及 1997 年的一次大西洋舰队演习，海军新锐 USS York town 号导弹巡洋舰突然抛锚，由于一次电脑系统的误操作，致使巡洋舰在大海上漂流 2 个多小时，最后被拖回海港，所幸的是这仅仅是一次演习。这个例子说明技术不仅仅是人类的福音，也可能造成人类的灾难。好莱坞的很多电影中早已经表现出人类对日益发达的科学技术所具有的控制力的质疑，不同的领域研究都表现出了这样的反思，即一切技术最终的目的是什么？人与自然的和谐共存之道才是我们最根本的目标[39]。

纸介书籍是与物联系最紧密的古老阅读方式之一，也是与人类产生互动较多的载体之一，古今中外的哲人们不断表达出这样的信息：人类通过书籍所获得的精神升华和自身品质的提升，是纸介书籍最直接给予人的互动，通过阅读书籍开启了人类广袤的精神世界。今天从设计的角度来看，通过以下三种常见的方式可以增加对这个信息载体的互动设计：

首先是材料的互动，其次是在装订翻阅的动态中获得的一些互动体验，最后是在书籍中做一些类似小游戏或者技巧，以增加阅读中的乐趣，或者从这些互动的设计中体会到紧扣主题的联系。

如图 5.12 所示的案例是两个书脊合订的一本书，这套书是介绍一个德国视觉传达设计师的理论书，整本书由中间连为一体的小册子组成，两册书分别独立成册，但又紧密相连。书中有意思之处还在于书籍上的两个名字分别是设计师的姓名，并且采用了两种不同的印刷方式。这也是设计师本人比较喜欢的印刷方式，两部分的阅读相辅相成，在不同层次上表达了设计师的思想，读者在分别阅读这两部分的时候思维与书籍的形式发生了深层次的互动。

▶　图 5.12　Wolfgang Schmidt

图片来源：［英］罗杰·福塞特. 装帧设计［M］. 北京：中国轻工业纺织出版社，1992

5.3.1　传统阅读与读者的互动

在古代的书籍形态中，往往注重人的阅读性，虽然材料笨重、装订费时，而且在版式设计中留出很大的空白。从承载信息的角度而言，古人们学富五车未见其有多少知识量的摄入，毕竟原始的书籍形态信息承载量是很小的。但是古代文人在阅读中的思考远甚于今天的人们。古代文人阅读书籍的娱乐性是很少的，因此读书的姿态是庄重而严肃的。在书香门第之家，读书是讲究氛围和韵味的，自有一种超凡脱俗的境界，古人们"燃藜阁上，左有汉书，右有斗酒"。据记载，读书的时间也颇有讲究，清代文人张潮曾认为四季之中"读经宜春，其神专也；读史宜夏，其时久也；读诸子宜秋，其致别也；读诸集宜冬，其机畅也"。读书会在特定的空间——有着文房四宝的书房中端正而坐，读书之时会以香料加入精美的香炉之中，焚香伴读，焚香的香料多为清新醒脑、静心安神之类的药草，让读书人能收心敛息、息除妄念，恭谨用心于阅读。

在《全唐诗》（见图 5.13）的古籍善本中，展示出来的版式设计有着前人在天头空白处留下的批注，书中版心较大，留出天头空间很多，地脚的空间次之，不仅体现出书法之美，还具有很强的阅读性。《陶渊明笺注诗集》，版心偏向折口处，比上一本更小，天头、地脚和订口处都留出了更多的空间，整本书的版式看起来舒朗悦目，可以充分感受到汉字的书法魅力之处。接下来的两本书的版式设计更甚于前者，庐陵风林书院辑和京本通俗小说卷更加宽阔的留白，只将版心紧贴切口的位置，实际上是一张纸对折形成的两页，而版心被设计在这张纸的中心处，所以读者会看到切口处没有空白，而其余三边尤其天头留出宽阔的空间，予以人丰富的想象余地及快意批注的准备。这个设计是最紧密地将读书人与书结合在一起的形式，为书与人之间的互动做了最人性化的处理。这种设计气度不凡、雍容而优雅，在今天大批量生产和追求商业利润的社会是难以想象的。

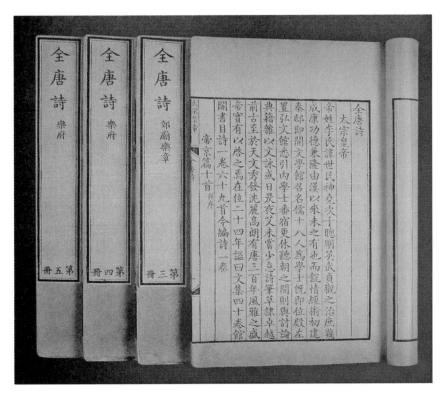

▶ 图 5.13 《全唐诗》版式设计

图片来源：杨永德. 中国书籍装帧 4000 年艺术史［M］. 北京：中国青年出版社，2013

　　从古代的书籍制作方式来看，除了雕版印刷的皇家和宗教书籍之外，大量的手抄本实际上是那时候书籍流行的形式。同时读书人在书中留下批注的习惯，使古代的人们具有尊重并敬仰汉字的传统。古代人们写完的纸张很少作垃圾丢弃，而是收集在一起之后到文昌阁烧掉，这充分展现了传统文化的精神核心。汉字的美态在书写的过程中被演变出多种流派，人们沉浸在赏心悦目的书法体验中。读书与写字是不能分开的，因为留在书页空白处的批注须得字迹工整俊秀才算得是一个合格的读书人。

　　书靠文字写就，而文字是记录思想的符号，从根本上说，文字与书都是思想的某种载体，二者是难以分割的。这是书籍与人之间最初的互动，是最具有核心价值的互动。这种互动是超越于形式的，是真正将书籍与人们紧密结合在一起的互动方式。今天文明进化的最大特征就是文字与书写的分离，很多人已经习惯于键盘打字。电脑技术的进步导致了最珍贵的文化价值的失落，手写汉字、书法成为少数人的专业，书写成了一项才能而非像过去一般是必备基础能力，这也是阿兰所提及的技术的愤怒。书籍作为设计的一个方面，是跟人的关系最为紧密的载体，因此贴近人性化的设计、回归情感化的设计是设计中首要的宗旨。

5.3.2 新的互动模式

互动的形式有内在与形式的互动。所谓内在互动，指的是内容使读者引发的思考；形式互动就是外在的互动形式，其最终目的仍是引发读者的联想，形成新的思维，但是通过材料和装订等形式来作为触发点的互动设计。

科技的优势在今天突出的特点之一是放大了感官的体验，很多技术帮助人们加深了五感体验的印象。材料的极大丰富令人们可以在触摸中细细分辨纸张之间的微妙差异；各种柔和的或者色彩斑斓的、透明的、半透明的、金属质感的、高亮的，或者夺目的荧光色的纸张使人们得以享受另类的视觉盛宴；香味印刷的出现也让人们的嗅觉得到尊贵的体验，早在十年前的时尚杂志就在为雅诗兰黛的欢沁香水做广告的时候加入了优雅的香氛，令读者在翻阅的过程中深受魅惑而陶醉其中；其他领域的技术参与到印刷技术中，例如声音的芯片被设计在书页中，翻开书页的力度使得暗藏其中的两极电线相碰，便触发了一段美妙的音乐,不仅仅只是翻书的沙沙声。

似乎今天的技术为互动性设计提供了很多可能性，但是具有文化根源的动因导致深层次的互动却是令人深思的。

在利用新技术进行的互动中，最常应用的是儿童类书籍和一些趣味贺卡。这二者都是加入游戏元素，利用人类的天性，在常规设计中设置令人产生意外惊喜的触发点。在一本为儿童设计的书（书名《design for kids》）的设计中，设计师无论从图形设计的角度，还是从技术的角度，都体现了互动的概念。设计师采用一种发泡海绵来做书籍的封面，黄色的发泡海绵触摸起来是柔软而有弹性的，孩子们拿在手里会有相当的舒适度，书名被烫压在封面上，出现凹印效果。由于内页采用的纸张为轻型纸，所以整本书很厚但是并不重。内页中都是美丽的充满想象力的图形设计，有各类手绘插画，也有电脑 CG（Computer Graphics，即计算上生成或制作的图像文件）图。此外内页的设计采用很多灵活的形式，例如在书籍中还有书中书的设计形式，较小开本的簿册详细补充了当页书里的内容；还有的内页中有可拉开的经折装式样的设计，只是折叠的层次并不是很厚，经折装的设计是为了展示更大场景的插图，增加展示效果。本书最精彩的设计在于书中还藏有一把玩具枪，如图 5.14 所示，利用内页的厚度以模切的手法将内页挖空，其形状和大小刚可以容纳一把枪。而有趣的是，在模切处理中必须考虑透过模切后的空间与当页内容是否有着联系，图形与模切后的镂空形状又重新形成巧妙的构思，翻过模切后的页面会出现一只青蛙的图案。这类书籍的互动方式令孩子们在阅读的时候具有很大的兴趣，在接受书中信息的过程中可以有类似游戏的体验，这样孩子们的想象力在每一次的阅读中都会获得新的刺激。

▶ 图 5.14　《design for kids》

图片来源：具有互动的儿童书籍设计——作者自藏

在一本英国出版的书《妖精的故事》（图 5.15）中也利用了类似的手法，这是一本水彩插画的绘本，讲述了花园中小精灵的故事，印刷中运用了很多先进的技术，例如利用 UV 上光的技术配合水彩插画表现精灵翅膀遗落的粉尘；在书中还有一个信封，可以拿出一片翅膀，当然这是用织物和纸做出的类似蝴蝶翅膀的附件；在封底上还设计有一

▶ 图 5.15 《妖精的故事》

个可以摘下来的万花筒，打开万花筒可以看到一些精灵在花园中的场景绘画。封面上还设计有一个 3D 装置，将一粒宝石镶嵌其中，更增加了真实感，当然这是一粒用树脂合成的人造宝石。文字带给儿童以丰富的想象力，其间以真实的细节来点燃小读者的好奇心，任由想象在头脑中驰骋。（见图 5.16）

▶ 图 5.16　3D 与平面结合的书籍设计

　　在成年人的书籍设计中较少有类似的游戏或者玩具的实物出现，成年人的书籍互动则更倾向于智力游戏或者引发脑力激荡的阅读。成年人最喜欢做填字游戏和猜字谜，以及象棋，在书中利用模切形式就能创造出这样的组合形式，读者可以将这样的书放在手袋中随时在空闲时间拿出来，或在旅行间隔消磨时间。利用模切技术使书页之间产生逻辑联系，这是常用的设计手法，读者在阅读过程中会感受到游戏一般的乐趣。

　　2007 年，国内有一本书获得了德国"最美的书"这一殊荣，它是朱瀛椿设计的《不裁》（图 5.17），是一本当代作家古十九写的爱情小说。

众所周知，在中世纪的欧洲，书籍的印刷、装订都是较为粗糙的，印刷好的书籍需要用裁纸刀裁开方可逐页阅读。设计师采纳了这种古老的阅读形式，在书籍的环衬上设计了一把裁纸刀，环衬采用较厚的纸，用虚线勾出裁纸刀的轮廓，读者稍一用力就可以将"裁纸刀"剥离开环衬，以纸刀的厚度和硬度是完全可以将连在一起的书页裁开的，于是读者可以一边读一边裁开，没有裁开的书页是无法打开看的，阅读过程中即便合上了书页也没关系，裁开的部分便是已经阅读过的，当整本书阅读完毕，所有页面都已经被裁开了，这把纸刀还可以在第二遍阅读的时候作为书签夹在书页中。内页的版式设计很朴实，行距适中，字体清晰，具有很舒适的阅读感。这是一本具有互动体验的成人读本，形式巧妙而又不喧宾夺主。

▶ 图 5.17 《不裁》

图片来源：古十九. 不裁 [M]. 南京：江苏文艺出版社，2009

在《烧断的桥》（图 5.18）这本书的设计中，设计师也采用了同样的手法。在阅读书籍的过程中需要手动撕开纸张才能继续阅读下去，文字的字号提示了阅读的层次，在撕开纸张的过程中，能读到

深层次的内容，这不仅改变了线性阅读方式，也丰富了头脑思考的
模式。

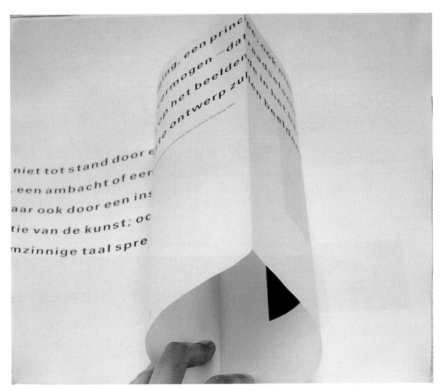

▶ 图 5.18 《烧断的桥》

　　互动式的阅读能带给读者全新的感受，书本在翻阅中触发的不
仅仅是阅读的体验，更是时时更新的想象力。像《彩虹之书》（图 5.19）
的设计使读者们在每次的阅读中都能感受到无边的趣味和不会厌倦
的新鲜感，利用快速翻动形成的视觉暂留，使读者能看到页面间升
起一道美丽的彩虹。川村真司在设计本书时采用的是传统的印刷方
式，但利用了人们快速翻阅时视觉暂留的生理特征所产生的奇幻
效果。

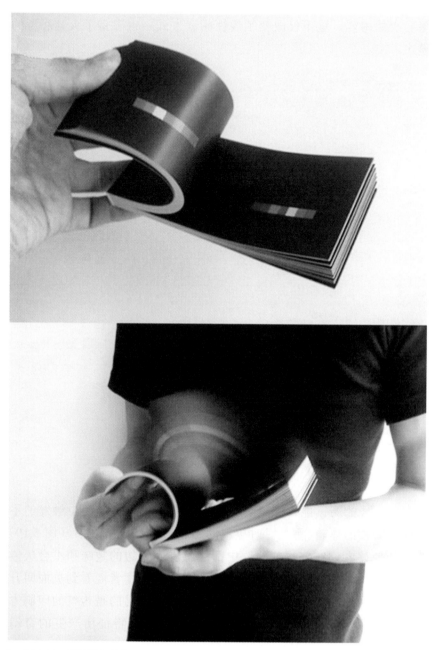

▶ 图 5.19 《彩虹之书》

图片来源：川村真司. 手中的彩虹. 2007

5.3.3　新的阅读体验

技术是创意多样化的保证,是开发阅读乐趣、改变阅读形式的手段。当阅读过程中想象力被放大,读者获得了文字以外的更多乐趣,阅读就变成了一件赏心悦目的事情。

全新的阅读体验来自以下几个方面:

首先,书籍内容本身带来的心灵启迪是无法估量也不可代替的。再美的设计如果脱离内容就必然导致哗众取宠,只会获得一时的青睐。可以确定的是,读者们会为了一本书的内容而购买它,即便它的设计非常糟糕;但是有理智的读者却很少会因为装帧精美而买一本并不需要的书。有一本美国作者写的有关创意的法则的书,书的内容是很值得一看的,但是这本书的设计却完全落入了哗众取宠的形式中。因为书中提到"创意"的法则就是忘掉所谓的"法则",本书采用铜版纸,拿在手里很沉,且版式设计杂乱无章,没有层次和秩序感,很多过分夸张的字体和色彩几乎让希望在这本书里获得灵感的读者没有兴趣阅读下去,阅读因此产生了障碍,但是为了内容仍然会有人去购买,读者只能在设计师制造的阅读障碍中耐心地搜索自己需要的信息。这就是仅从形式上理解所谓打破规则的设计,这种为了形式而形式的设计最终是失败的,而且与设计的初衷形成一个鲜明的反讽。

其次,设计得当的形式升华了阅读的感受。设计的形式在今天看来不是不够,而是太多,商业社会的一个标志就是设计形式层出不穷。为了占据更多的市场,商家会不遗余力博得受众的眼球,在这一环境中很多商家会更讲求形式,通过找准目标受众、分析受众心理等方式,以保有现存的市场力量,抓住更多的潜在客户。从文本入手的编辑和策划过程已经是设计的开始了,设计师对于文本的再创造,即使是同一内容的书也会有不同的演绎,这是带给读者以全新感受的最重要的原因。文本设计中结合了技术的力量,在翻阅中融入了思考。形式需要与内容贴合,最先体现在视觉的元素中。正如苏珊朗格所谈及的"形式",实际上早已突破了为形式而形式的单纯内涵,强调了艺术里的形式是"生命的形式"。按照苏珊朗格的意见,要想成为"生命的形式",就必须符合如下条件。

其一，它是动力形式，这意味着，持续稳定形式必须是一种变化的式样；其二，它是有机结构的，其要素并不是独立的部分，而是相互关联的；其三，整个系统由有节奏的活动结合而成，这是生命统一性的特质，因而生命的形式是神圣的形式；其四，生命的形式的规律，是那种（随着每一个特定历史阶段）生长和消亡活动的辩证法。[41]

最后，阅读是一个情景交融的过程，是动态的。纸介书籍一直以来保有永恒的魅力在于它将阅读的行为与环境和心境紧密地结合在一起了。电子类书籍永远难以替代纸介书籍的原因，是纸介书籍可以随身携带不受时间、环境等条件的影响；不存在电池耗尽无法阅读的情况；不会因屏幕分辨率过亮对视力造成伤害；也不必寻找有充电设施的公共空间，一本书可以带着走天涯，任何时候都与你相伴。书声沙沙如同树叶儿摇摆，与来自自然的声音融为一体，即便是在荒无人迹的戈壁，星光相伴、一丛篝火便可阅读。随着时间的流逝，一本喜爱的书被打上时间的烙印，如果它曾经丰富了你的心灵，为你带来无尽的想象力和启迪，它就会像你的一个朋友一样，尽管陈旧不堪你也不舍得丢弃。这是诺曼在《情感化设计》中提到的设计的三个层次中的一个，即反思水平的设计。它已经超越物的外形，赋予了情感的力量；它已经成为一个记忆的符号、情感的代表。

第 **6** 章

当代纸介书籍设计之审美范式

6.1　信息设计观对书籍设计的影响

罗伯特·E·赫姆（Robert E. Horn）在解释信息设计的时候这样说道："信息设计被定义为一门信息筹划的艺术与科学，它使得人们能够有效地使用信息。信息设计的初级产品主要作为电子文档展现在电脑屏幕上。"

我们生活在信息的海洋中，从 2000 年至今全球范围的网络使用量增加了 225%，同时由于可供使用的媒体越来越多，呈现出更多媒体更多信息的局面。不同的文化背景和语言混杂交融在互联网的世界中，信息传达的准确性显得很重要，因此视觉传达的设计师们为了表述得更加清晰，已经学会将很多信息故事化并清晰化的技巧。随着通信技术的快速发展，服务方和受众方需要在全球范围内共享概念和想法，跨越语言的障碍，越来越多的信息被提炼和处理。这种对待信息的观念和方法必然影响到一切信息载体，毫无疑问地也影响到了书籍这一最传统的载体[41]。

信息设计的缘起仍旧回归到计算机和互联网的普及，由于信息快速的传递，各种需求得以呈现，这又反过来刺激了信息的多样化。信息设计的需求主要源于以下三方面。

第一方面是社会对信息需求量越来越大，促使信息设计成为研究重点之一，快速选择符合用户自身需求的信息迫在眉睫。全球化的状态促使信息设计通用化，通用化设计概念原本是在 20 世纪 50 年代兴起于建筑空间的，正如美国建筑设计师麦克·贝奈（Michael Bednar）提出的：撤除了环境中的障碍后，每个人的官能都可获得提升。之后这个概念在建筑和产品设计领域兴起并推行。笔者认为信息设计也存在"通用设计"概念，这就涉及对原始信息的再设计。再设计是从文字和数据信息图形化的角度来进行的。文字的变革表现于字体的改进和增补，古老的字体由于笔画的繁复及装饰性强，不适合正文中的应用。例如花体字在中世纪非常盛行，人们习惯于手写花体字，但是随着印刷技术的演进，平面媒体的多样化促使花体字的需求变弱，因而产生了多种易于辨认和书写的无饰线体字。很多发布在网络上的信息需要经过编辑后才能适用于人们的读取和搜索，这只是文字本身演进的一个例子。

信息通用化的另一个标准就是信息数据的图形化。跨越全球范畴的信息交流，迫使人们降低来自语言的差异性，尤其是东、西方之间的语言障碍。信息图形化倾向越来越明显，设计师开始和编辑一起深入到文本中，某些数据信息被设计成图表或者图形，使很多读者能跨越文字语言的障碍，相对地对内容一目了然。在《造型的诞生》一书中，杉浦康平在分析亚洲各地的饮食文化的时候，将地域间的饮食口味差异描绘成图形，形成清晰而又新颖的味觉地图。例如，中国人喜食厚味，代表某种味觉的"山峰"会较高；日本人喜食清淡，其味觉"地形"就较为平缓。还有更为微妙的差异，例如前味与后味的变化形成一片高低起伏的"山峦"，代表辛辣与清淡味道的色彩由暖至冷呈渐变分布[42]。来自不同文化习俗的读者能很容易地了解到文本的中心内容，且印象深刻。这类数据信息图形化的方式逐渐广泛应用于今天的文本中，尤其在经济类、商业类的文本中会利用图表直观呈现出数据的变化。像市场报告分析或者受众群属性的分析等，用图表的形式优越于文字的呈现。

第二方面，摒弃视觉垃圾的需求。信息设计的需求来自于商业化高度发达的今天，信息发布渠道的相对自由和便捷促使信息的质量千差万别，其中最大的弊端是视觉垃圾的产生。视觉垃圾更多的是指在商业广告中呈现出的冗余或者嘈杂的视觉形式，并非专指信息本身，它可以指具体的某类形式中出现的视觉冗余信息，也可以指在单位空间中由于所发布的视觉形式没有兼顾相互之间在空间中的协调性而形成的相互抵消或者形成混杂不堪的视觉形式。

　　视觉垃圾以具象的形式体现，例如在周围的公共环境中，经常可以看见商家之间的竞争体现在鳞次栉比的广告牌的设计上，每个广告牌都是一种品牌的主张，都在以独特的视觉形式获得受众的第一瞩目，或者希望留下深刻印象，城市因此而喧闹。越是在商业繁华的区域，越具有这样的特征，通过加大尺寸占据空间，或者各种新奇的方式在争相露面获取大众的注意力。在网络页面的设计中，由于商业运作的需求出现了很多浮窗广告，会干扰用户的视觉或者影响用户对网络信息的搜索。在书籍设计中，印刷技术的滥用很常见，例如在书籍的设计中大量运用 UV印刷或者荧光专版色印刷，本来这类印刷技术是为了突出重点信息，但很多设计为了夺人眼目，以最不科学和并不美观的方式处处加以强调，使得封面效果嘈杂而凌乱。由于书籍设计是一件细致且具有科学性的工作，需要合理安排各部分的主次，有序地将信息顺次传递给读者，对于不统一和冗余设计是需要小心避免的，因此信息设计在这样的前提下显得尤为必要，设计师必须摒弃视觉垃圾，将信息分类，按照视知觉的原理科学安排。也正是在这样的前提下，涌现出了很多优秀的设计，例如北欧的简约设计风格，不仅体现在建筑、产品中，同样还体现在平面设计中。

　　第三个方面，信息设计的量体裁衣——有选择性地进行设计。由于信息的多样化，或者同类信息的不同发布渠道，人们可以从很多地方挖掘到相似的信息。作为视觉传达领域的设计师需要将接收的信息分类整理，根据需要分门别类有重点地突出。就书籍设计而言，文本的信息相对单纯，但是尽管如此，还是需要在设计中体现出作者的主旨和逻辑性。这就要求设计师对文本进行整理并编辑，找出需要突出的信息，以设计的手法加以呈现，这样读者阅读时就会按照书籍设计的流程走。信息设计的表现与图形和字体的设计息息相关，这两者是视觉传达中最基本的要素。长久以来印刷字体的设计经过了时间的洗礼，从字库里选择不断演化更新的字体以适应需要。

6.2 现代纸介书籍设计的美学范式体现

6.2.1 多元共生之美

就书籍作为商品的属性而言，书籍设计之美学观立足于两点：视觉美与功能美，这似乎与其他产品设计的宗旨别无二致。纸介书籍有着传统的美学规律，同时也作为一个视觉作品呈现，尤其对于进行视觉实验的先锋设计家而言，书籍设计之美还存在于概念的革新之上。今天电子书与传统书籍并驾齐驱，在各类形式中更加凸显了书籍在本质上的连接，形态越简单，其内在越丰富，所承载的内容越加深厚广博。这些使现代书籍设计呈现出丰富的内涵与共生之美。

共生之美体现在传统的纸介书籍以及同是纸介的概念化书籍中，还体现在全然超脱于纸张形态的电子书和网络文本的共存等方面。它们在这样一个时代为普罗大众所接受，如同科幻电影中的联合国星球，共生着地球人与外星人。

不同的媒介物都有与之匹配的语言方式，书籍是一个特有的传统媒介物，它作为一种文化的符号是指向全世界的。我们一直称之为"书"的名词意味着这样的一个介质：承载和传播信息，其传播的方式是可供人阅读。作为一个几千年来的传统媒介物，今天它开始出现分型和新变化，呈现在这种如同魔法一般幻化出的电子产品外形下以及电脑上的网络文本与纸介书籍的形态相去甚远，但是却更加清晰地表达出书籍的最本质的功能：阅读。

现代社会中，多种文化的交融、观念的交汇以及高度统一的、模块化的技术已经将东、西方纸介书籍的形态差异消除了，更多体现出的是书籍整体设计趋同性，全然不同于工业革命以前的羊皮卷与竹简的差异。

新型的电子书问世，使人们脱离了纸张，以一块电子屏幕整合了纸本形态。电子书作为一个小型电脑终端，是由液晶屏和芯片组成的，最为常见的是智能手机、以苹果公司制造的 iPad 为典型的平板电脑，以及被专门称为"电子书"的终端 Kindle。其美学设计法则更倾向于工业产品设计，因为它不同于传统的纸介书籍，脱离了平面设计的美学范畴，只在液晶屏中的文本版面构成设计特点上会令人联想到传统纸介书籍的版式特征。此时期各种尺寸的电子读物与传统纸本读物并存于世，从美学上综合了产品设计与平面设计的美学特征，拓展了传统上书籍设计的概念。

我们可以将书籍设计的功能美界定在"易读性"上。书籍是通过阅读来完成其使命的。当然阅读是基于视觉的机能，为出现视觉和听觉障碍的读者还设计有触摸式的盲文阅读，这无疑也体现出纸质读本的重要性和意义所在，它强化了通过人的五个感觉通道进行阅读的重要性，尽管设计师在对于五感接受信息的程度上有所偏重。这显示出作为探究书籍设计美学的前提，回到对阅读行为的研究似乎是有必要的。

6.2.2　信息物化之美

书籍设计师们早就明白了书籍设计的成功与否不仅仅是由设计师的艺术感知力和审美倾向决定的，而是基于工学与美学的结合才得以成就一本精美的书籍。工学之美是理性的，是来自西方美学的概念，在西方的审美之中强调技术的力量和技术架构的秩序之美，早在包豪斯时期就奠定了这样的基础，即成功的设计是美与技术的紧密结合，是技艺与美学的组合。在书籍设计中建立科学的阅读流程是很多书籍版式设计的一个宗旨，在学术性和文学性较强的书籍中尤为重要，由于这类书籍的文本信息量大，文本之间有很强的逻辑性，在某种意义上是需要一气呵成的阅读方式，针对这点必须建立科学的视觉流程才能达到。

信息物化之美体现于信息报编辑后所呈现的方式；体现于这些方式的风格。

信息作为思想的物化，通过商业社会中各式各样的载体呈现出来。大部分通过声音和视觉符号的模式，每天从四面八方冲击着我们的感官，尤其是视觉与听觉。相比之下，书籍还保存着较为含蓄和传统的表现方式，文字被静悄悄地安置在纸张之中，读者需要在相对安静的状态下悉心阅读。选择信息的渠道扩大，促使信息需要分门别类地细致整理，在纸介书籍中也是如此。对于文本中信息的归纳，设计师会根据作者的意图来进行安排，以确定在每一级别的文本中需要突出哪些观点和思想，使读者顺利地进行阅读。

信息归纳整理之后的表现更多依赖于字体的使用。恰如其分地使用字体和字号可以提升文本的层次和质量，有助于条理性地理解内容。

我国台湾学者蒋勋谈及汉字书法之美的时候，曾经就中国文学的特质进行了分析，他说："汉字文学似乎更适合领悟，而不是'说明'。"这与西方文学中史诗叙述的方式全然不同，西方的文体是以具象的笔法将情节展开的，在几十万句的长诗中体现出诡谲多变的情节、层出不穷的人物事件；西方诗歌是依靠具象的叙事体将浩大的场景和跌宕多变的故事情节展现在大家的面前的。例如莎士比亚的十四行诗、古印度的《罗摩衍那》都是鸿篇巨制，滔滔不绝地陈述以体现回旋起伏的情节。而中国文学却是以四两拨千斤之力着眼于对"意境"的描述，在《诗经·采薇》中："昔我往矣，杨柳依依；今我来思，雨雪霏霏。"十六个字的排比句道尽了时空变幻、人事沧桑的意境。再看唐朝贾岛的诗《寻隐者不遇》："松下问童子，言师采药去；只在此山中，云深不知处。"四句诗遣词通俗、简练无华，但是却意蕴深远，寻士不遇的遗憾以及隐者的高洁风骨跃然纸上。传统文化的底蕴同样展现在设计中，中国传统书籍的设计历来是朴实简练、讲求自然材质的运用，力求将文字之美展现出来，注重在版式设计中启迪读者的思维；现代的书籍设计中虽然技术之力拓展了设计语言，但是在具有品质的设计中，仍然是以设计的形式启迪，使读者"领悟"到设计之美[19]。

在书籍设计中，需要将文本的逻辑整理清晰，从文本信息的层次出发，根据内容本身的逻辑，安排各级小标题和正文，包括注释与图注等的字体与字号。字体的选用显得尤为重要，如今有很多字库可供设计师选择，其目的就在于建立良好的视觉层次，完全还原作者的思路，根据作者的意图引导读者阅读，如抽丝剥茧、环环相扣，顺利地进行阅读。汉字字库中常见的有汉仪字库、方正字库、汉鼎字库、文鼎字库等，每个字库可供选用的字体有一百多种，从中挑选适合书籍特质的字体用作印刷是设计师很重要的工作。从这里便展示出设计师与众不同的字体设计的修养，因此从字体的角度来看，这是区别于以往的设计师所要注重的设计素养和技能之一。

越来越多的新字体加入到应用字库中，其中的一个倾向是设计变得更加微妙，变化多体现在细节上，以衬线来修饰字体的笔画，使之具有某种特点和倾向性。但同时也创造出了无衬线体，例如拉丁文中的 Helevitica，它是运用最广的无衬线字体，被创造于 20 世纪 50 年代的瑞士，代表着瑞士的理性设计精神。在现代主义流行的时期，人们强调简洁、朴素、流畅的设计风格，字体被认为不仅是传递信息的符号，更是人们完成阅读行为的媒介，为了让阅读更加顺畅，有必要创造一款简洁易行、便于识别的字体，Helevitica 就这样应运而生，字体设计者为瑞士的 Eduard Hoffmannh 和 Max Miedinger。自创始以来这款字体的应用及其广泛，很多杂志和书籍的正文，包括网页上的文字都选用这款字体，已经成为迄今为止世界上应用最广的无衬线体的典型。为了适应人们快速、便捷地搜索并获取信息，无衬线字体因其流畅简洁的造型而易于辨识，同时，也因为这款字体具有较强的适应性，设计师们可以在版式设计中灵活地运用，使其成为一个基本元素而衬托版式的特点。

Helevitica 毫无疑问是世界上最著名、用途最广的字体，应用于正文和标题、数码的 Helevitica 字体是技术和设计达至协调统一状态下的字体，适于最初机械化的排字机直至今天的电脑上的应用，因其简洁大方的风格和易读性，应用在不同设计风格中又最能体现出设计师个性化的语言[43]。

宋体与黑体都是常用的正文字体，各个字库都有黑体和宋体的变体设计，相互间的差别较为微妙；这类字体适用于学术性和文学性的书籍正文。楷体与仿宋体由于其纤秀雅致的气质常被用于注解或者图注，以及对于正文内容的补充或解释中，相同字号的正文字体和它相比更有分量。根据字体的特征区分文本的层次是具有较好阅读性的书籍应具备的质量。

文本内容的整理可以使纸介书籍的设计脱离外观和浅表设计，这是多年来设计师们与之对抗的问题之一。

今天的书籍设计师不同于过去，对文本的深入了解已经成为必需。在过去的设计中，书籍设计师仅仅是了解文本，简单地做了些装饰而已，随着设计层次的不断提升，市场的需求也越加具有针对性，要求相应也变得更加具体。例如，同样是符号学的书籍，《设计符号学》（图 6.1）是一本学术性强的理论书，设计必须满足学术要求，以易读性和可读性为主。它基本上是按照传统方式进行的设计，但是从版式的设计上可以看出，设计师将左边版心边线有意识地向右倾斜大约 15°，形成略微不对称的梯形式版心。倾斜的线条具有动感，人的视线由左至右扫视，正与这个倾斜的角度吻合，这个版心的设计有助于读者阅读时的心理暗示，提高阅读的效率。

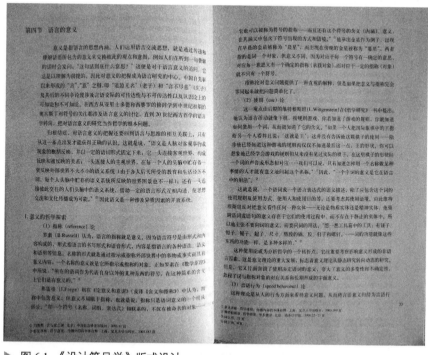

▶ 图 6.1 《设计符号学》版式设计

图片来源：徐恒醇. 设计符号学 [M]. 北京：清华大学出版社，2008

6.2.3　符号之美

　　版式和字体的功能逐渐符号化。版式设计所形成的模式引导了读者的视觉流程，由于设计师逐渐充当了第二作者的角色，使用字体来诠释各部分功能，在读者的心理模式中已经接受了文本各功能的语言模式，如粗体和大号字体所代表的标题，以及依次递减的字号所代表的标题层级，细小号字体所代表的诠释功能等。这些心理模型的形成使书籍设计语言体系的建立与解读变成一个完整的模式。读者可以借助这些符号的提示，调动已经储备的阅读模式语言系统进行解读。苏珊朗格将符号分为推论性符号与表象性符号，所谓表象性符号就是具有构型能力的符号。艺术的价值在于它能引发人类的最大概念能力，即想象力的唤醒[44]。

　　在设计观念更新的今天，多元化手段的另一面是很少理会文字内容的价值，其实如果利用文字内容本身去做设计，将会增加很强的表现力，不仅如此，还会形成独一无二的表现形式，这也正是设计师们的初衷。因此在商业类书籍的设计中，我们需要从观念上变革，重新看待书籍的设计，在信息设计的背景下进行书籍的设计。在某音乐会请柬的设计中，可见一些红色的点散落在页面上，在文字中被提示的是，这些请柬被仿制，为确保真实性以特制的红色印记为标志，其实这是一个"夸张"的信息，设计师利用文本来做文章，强调其设计品的特殊性和稀有珍贵的感觉[45]。

　　很多利用文本内容作创意点的设计有别于常规设计，脱离了常见的模式，是现代设计中开始被关注的创意点。这些设计反映了一个事实，即创意来自文案内容本身，向"内"求而非向"外"求。这个"内"是指内容本身中隐藏了创意点，要看设计师从哪个角度去挖掘，这个"外"就是"形式"，在设计领域随处可见的形式。

　　这再次证明只有恰当反映了内容的形式才是有意味的形式，而非人云亦云追求表面文章的形式。在图 6.2 所示的书中，设计师在文本部分设计了强调的内容，读者在阅读时会得到双重提示，一方面是文本的内容，一方面是强调的内容，此案例独特之处不仅如此，还在于利用拉锁作为连接手段，新颖而具有个性。

▶ 图6.2　利用文本做文章的设计

图片来源：Janing Yuan. Paradise of paper art. Designerbooks，2014

　　商业类书籍指的是以有关社会热点的题材为主、市场关注的、能为出版机构快速盈利的书籍，为盈利的目的，出版方会在广告宣传的方面投入较多，尤其重视设计和印刷的成本。商业图书包括针对不同受众群所需要的内容，这类书籍的设计较为灵活、具有创意，使读者有兴趣和意愿去购买和阅读。

　　作为目前设计领域的一个趋势，实验性的书籍设计是商业书籍设计的先行者，比商业类书籍小众化，但是由于它注重创意性和个性，反而给商业书籍的设计提供了很好的参考价值。

　　实验性书籍设计相对于标准化印刷与装订方式、大批量出版发行、高度类型化的书籍式样而言，具有概念、先锋、观念、游戏和趣味等特征。它需要实验的孵化，游离于主流商业环境之外，不以出版为目的，从本质上说便是一种纯粹的观念与形式的实验，它既没有结果也没有终止，相反过程却显得极为重要。这个过程是设计师思维的外化表现。

有的内容看似无用，也许只是为了满足某种精神诉求或审美需要，但这恰恰迎合了当今社会人们的阅读心理，属于延展内容的变向，其形式包括游戏情节的折射、把玩观念的情结、内容消解的形式等。

在实验性书籍设计中，"无图无字"的表象下必然蕴含了有心、有意、有情、有感的观念意向与设计情绪，这种极致的无声胜有声，抚平了读者的心境，以静心凝气对意向的关注，营造出单纯而空灵的境界。

很多实验性书籍已经脱离图形与文字的束缚，以不同纸质开合的物化形态，实现了来自多方位的信息流的生成[46]。

在《立体看星星》（图 6.3）这本书中没有任何文字，只有利用双色印刷技术印刷的平面星空图和书中搭配的一副蓝红色的纸质眼镜。用这样一副左边蓝色和右边红色透明胶片做成的眼镜看书，令人啧啧称奇，因为眼镜下的星空图变成了立体的。其原理在于人类是通过左眼和右眼所看到的物体的细微差异来获得立体感的，要从一幅平面的图像中获得立体感，那么这幅平面的图像中就必须包含具有一定视差的两幅图像的信息，再通过适当的方法和工具分别传送到我们的左、右眼睛。

文字是构筑信息形态的基本元素，至今仍然在书籍形态中占据主导地位，但已不是唯一的要素。书籍形态的整体构成就是以文字、图像、图表、色彩、符号、记号，包括一切可以调动的视觉形象的捕捉和运筹来传达文章内容的核心，其中形象思维的理性扩张可以填补甚至超越文字表现力本身，从而产生增值效应。随着近代社会的高度数据化，千变万化的信息数值、量值、时间值通过富有想象力的柔软弹性的图表展示出来，使复杂而又精确的数值变得形象化而令人一目了然，一幅图相当于一万字的信息量已成为可能[47]。

▶ 图 6.3 《立体看星星》

图片来源：[日]杉浦康平，北村正和. 立体看星星 [M]. 南昌：江西教育出版社，2001

6.3 回归与物的连接：纸介书籍设计的趋向

6.3.1 书籍的翻阅与阅读体验

相对于有着坚硬冰冷外壳的高科技产品，纸介书籍是一种带有温度的柔软的媒介物。虽然书籍印刷的技术日新月异，但是纸质媒介的材料中还存在着来自大自然的元素，使纸介书籍有着不同于智能手机或各类阅读终端产品的特性。温暖亲切的触感和缕缕书香，使得纸介书籍作为一个媒介，在人类历史上的无数次科学革命之后还保有着与自然界的联系。因为它诉诸的不仅仅是视觉，而是五感深入到内心的感受。

关于这一点，罗兰·巴特有着精彩的论述，他认为凝视并不只是单纯的视觉体验，而是一种引起联觉的（Synesthesia）或者通感的后果。"作为意指行为领域，凝视会引起一种联觉、一种分享了印象（生理上）的共存，以至于我们能将一种观感诗意转移到另一种上面，因而所有的感觉都能被凝视；反之，凝视可闻、可听、可触等。也正如歌德所说：两手要观看，两眼要抚摸。"在这个论述中我们可以清晰地感觉到这与东方文化相类似，各个感觉都综合为一、和乐如一[48]。

钱钟书曾经在有关"通感"的分析中提到：在日常经验里，视觉、听觉、嗅觉、触觉、味觉往往可以彼此打通或交通，眼耳鼻舌身各个官能的领域可以不分界限[49]。不仅通过文字的描述能达到通感的体验，在设计中也会经常利用视觉肌理和触觉进行交通。

在传统阅读中，除了视觉之外的第二大重要感觉是触觉，只有纸介书籍的丰富材质才可以带给人这种感受。肤觉感受可以分为两类，一个是直觉的肤觉感受，另一个是肤觉经验的感受[50]。也就是说，这种触觉感受不仅仅是当下在翻阅书籍时的即时性体验，也包括长期积累下来的经验中对于某种质感的经验记忆。很多时候有经验的设计师只需要看一眼，就能知道这种纸张的厚薄轻重或者触摸到肌理后的感受是怎样的；读者也一样，在长期的阅读经验中留下了很多真实的印象。除此之外的嗅觉、味觉和听觉一起参与到阅读的过程中，使阅读变成了一个全面的体验，在翻阅中由于对纸张的设计所形成的游戏感令人感受深刻。

在《纸的艺术》（图6.4）这本书里，设计重点在腰封上，它采用了一个具有质感和肌理的设计，腰封用的是纤维较长的纸，将其折成三折，图文被设计在褶皱中，形成掩映的层次感，质地柔韧温暖，作为纸的艺术为主题的内容，读者在一目了然中对书籍有了独特和直接的认识。

▶ 图 6.4 《纸的艺术》

图片来源：Janing Yuan. Paradise of paper art. Designerbooks，2014

在《有关建筑设计》一书的设计中，设计师运用不同的纸张来表明建筑的不同材质，在书脊的设计中，设计师采用了一种新颖的做法，采用可以划燃火柴的红磷做成。这本书包含了多么有趣的隐喻：书籍（知识）点燃了光明，在光明中人们认识世界并进行思考。在这本书的设计中包含了几个感觉器官的联觉，翻阅中不仅听到书页的声音，还有火柴划燃红磷的声音，燃烧发出的味道，以及温暖的火苗在手指尖传递的感觉，真实而亲切。书中采用的不同质感的纸张又有着不同的肌理和触感，每一个环节都令人感觉不同，配合文字带给人的思考，有感觉器官的配合，有思维的形成，使整个阅读过程变成了全方位的、立体的接受知识的过程。

设计师在设计书籍的过程中会将人们阅读的行为考虑在内，翻开书籍的封面再打开书页的动作会为设计师提供很多的灵感。在图 6.5 所示的这本书中，利用光栅动画原理以传统印刷方式在胶片上印刷图片，通

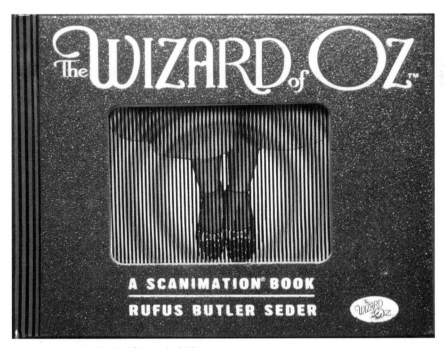

▶ 图 6.5　光栅原理设计的儿童书籍

图片来源：The Wizard of OZ Rufs Butler. Workman Publishing，2011

过拉动胶片产生动画效果，这是传统的技术利用视错觉原理产生的趣味性阅读，可以形成电影般流畅的动画效果，令读者尤其是小朋友们体验到匪夷所思的变幻效果。

思维不是单向度的，而是在与外界沟通中产生的多个启示点共同生成的思考过程，这样更加有助于人们进行阅读中的多层次的思考。

纸介书籍的设计重新构建了人与物的关系。整个世界分为两大类，一类是自然界，依照大自然运行的规律兴盛衰荣、循环往复直至进入新一轮的更替；一类是人类社会的文明进化。人类是全部世界的中心和结合点，在人的角度看来，世界分为自然、社会和思想，而人与自然的联系来自于人类自身创造的"物"。正如神秘学或宗教中所显现的，人通过介质与另外的精神世界沟通。书籍是最普遍和广泛的载体，它的材料最初取自天然，直至今天仍大量使用，由于纸质取材于树木等天然材质，成本较高，现在有先进的技术将回收的纸张重新利用，生产出的合成材质中也含有天然的纤维。当读者们触及纸张并翻动它的时候，文字与图形在书页间顺次而动，在时间中能感受到一个真实、流动的空间和阅读感受，这远比由 LED 和玻璃屏幕组建的电子产品更为贴近自然。如图6.6 所示的就是书籍艺术家利用天然纸张以凹版印刷设计的《细胞之书》，凹凸的肌理与细节令读者们感受到细胞的生长与活力。

成功的书籍设计不仅与内容相匹配，更可以给人以启迪。书籍设计带给人的感受是立体的、全面的，是动态的、多层次的。因为它与人们的阅读行为紧密相关，好的书籍设计将会引导人们更好地关注书籍的内容，透过多种感觉器官的共同配合，与情景共交融。以上种种因素将全方位带给人们对书籍形态的整体印象，使其获得深刻而微妙的体验。

6.3.2　可读性与文本编辑

我们可以说当代纸介书籍的设计倾向于这几个方面：讲求质感的设计、艺术形态的设计、情感化的设计。讲求质感的设计使人们从日益虚拟化的世界中脱离开来，能从产生丰富触觉的纸张中获得物理感受，这是真实的、不同于电脑屏幕中闪现的影像。它令我们触发久远的记忆，触觉是一个重要的感觉，它的感受直接作用于心灵，所引发的震撼和启

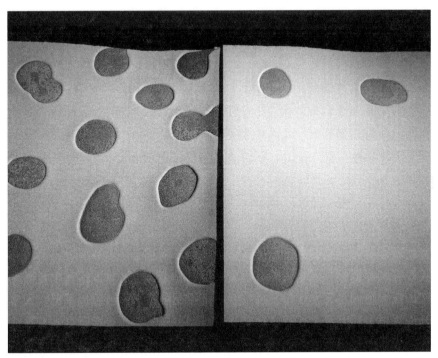

▶ 图 6.6　细胞之书

图片来源：［UK］Coo Geller，Cell Book Two，1995

迪不可估量。一个越来越进步的社会是注重精神生活的社会，而艺术是
最富于启迪心灵的形式，艺术家们只有在太平盛世以及置身于文明之中
才能更好地体现自身的价值。只有体现出人类情感的设计才是永恒的设
计，情感的表达是人类特有的，无论何时何地对于情感的需要是一直存
在的，在书籍的设计中只有能够表达情感的语言才能唤起人们的共鸣。

　　设计师们在参与信息编辑的过程中，其主观能动性起到了很大的作
用，同一内容的不同版本体现了设计师的理解与风格。从设计角度看，
书籍分为两大类别：学术、文学型，商业型。前者的设计要求设计师严
格按照作者的意图设计书籍的各部分，这类书籍共有的特点是需要读者
专注于文字进行阅读，因此在设计中对于文字在版式上的处理显得更为
重要，需要设计师建立一个科学的阅读流程，保证读者在阅读中不被打

扰。这里再次引申出易读性（Legibility）与可读性（Readability）的含义，根据阿历克斯·伍·怀特的《字体设计原理》，易读性的解释是清晰地区分两个字母之间涉及字体设计的问题；可读性指的是阅读的质量，主要取决于字母间隔、行距、纸墨的对比度等因素。

吉姆斯·菲利奇的《字体设计应用技术完全教程》中，易读性是指一个读者辨认字母形状及其构成的字词形状的能力，而可读性被翻译成了"易辨认性"和"易读"，易辨认性和易读性是指文本被理解的便利性和舒适性。

在维基（Wikipedia）的解释中，可读性通常用来形容某种书面语言阅读和理解的容易程度，它关乎这种语言本身的难度，而非其外观。影响可读性的因素包括词句的长度，以及非常用词的出现频度。易读性描述的是排印文本阅读时的轻松和舒适程度，它和语言内容无关，却与印刷或文本显示的尺寸和外观联系密切。

无论从哪个角度理解，对于设计师而言，他所要做的工作就是对字体深刻的认识与理解，有针对性地选择字体，以匹配适当的文风，同时通过设计将文本整理得具有阅读层次。读者根据字体特征形成的心理感受来帮助理解文本中不同级别、层次的内容，先是科学地阅读，其次才谈得上通过对文本深刻地理解而受益。

6.4 信息传播与个体语言的表达

网络平台及各式自媒体的兴起提升了个体语言表现的自由度，互联网建构的虚拟空间大大提升了语言表达的平等性，形成了人人都有话语权的局面。很多在文化或商业上成功的个体范例，正是基于互联网从某种程度上赋予了个体话语权的结果。英国达人、中国好声音等综艺节目推出了很多隐匿民间的平民天才，也是基于这种信息传播环境下的例子。这样的大环境中，信息传播模式的多样化必然也体现在纸介书籍设计的个体语言的表现上。

设计师们所要掌控的是，在纸介书籍的设计中个体设计语言的表现与书籍功能之间的度与量。这是作为信息传播的经典符号的书籍设计中，设计师们不能忽视的问题。

在很多对于美好书籍设计的评判标准中，人们得到的经验是：

（1）形式与内容的统一，文字图像之间的和谐；

（2）书籍的物化之美，质感与印制水平的高标准；

（3）充分调动读者的想象力；

（4）注重历史的积累，即体现文化传承。

乌塔·施奈德是"世界最美的书"的主办方德国图书艺术基金会的主席。在谈及评选的"标杆"时，他说："内容与形式是密不可分的。不同类型的书籍，样式也迥然相异。无论是纯文字书还是图画书，书籍设计师都要通过其本人对内容的理解。版式设计者的任务在于梳理文章内容与各个层次的结构，采用各种设计方法将文字展现在读者面前，使文章更易理解。"

获奖作品向人们证明了传统书籍设计能达到何种境界。乌塔其实特别注重的是在当下数字化阅读浪潮的冲击下，书籍设计如何应对挑战、彰显传统纸质书的优势：实物感和现实感。他认为，优秀的编辑设计作为纸质书的一大重要特征，能令读者不会像面对数字阅读时那样容易产生乏味感。

在市场需求多元化的今天，各类图书的出版发行都进入到商业运营模式中。自古以来人们认为书籍是超脱于商业之上的，但是今天商业性已经成为书籍的属性之一，这就奠定了书籍的信息传播是建立在与市场互动的基础上的。尽管图书的营销模式从传统的店铺销售已经走向各种承包商的灵活运营模式，电子商务的兴起也为图书的网络销售提供了广大的平台。商业时代中崛起的新兴图书销售渠道为纸介书籍的存在创造了更开阔的一个平台，在某种意义上这是纸介书籍需求依然旺盛的一个标志。在 2004 年年底，道琼斯用 5.19 亿美元成功收购了财经新闻网站 CBS Market Watch 的母公司 Market Watch Inc；在 2005 年初，《纽约时报》用 4.1 亿美元买下了消费者信息服务网站 About.com；在 2005 年 6 月，报纸集团 EW Scripps 用 5.5 亿美元将购物网站 Shopzilla 收购了。有 120 余年历史的《华盛顿邮报》，也已经开始和 MSN BC.com 网站合作，报纸把高质量的稿件提供给网站，网站给报纸信息的传播提供新平台，这就是网络媒体与传统纸质媒体相结合的范例[51]。

目前在市场上对于图书种类的需求可以分为以下几大类:

(1)学术需求。各学科领域的前瞻性或者现状问题的论证依然是读者们需要的内容,例如霍金的《时间简史》。

(2)有关健康类的需求。随着社会的发展,生活节奏的加快,生活和工作压力逐渐增大,日本社会在发展社会经济的过程中也存在普遍增大的压力,过劳死的案例曾在亚洲国家中居于首位,日本警视厅公布的报告显示,2005年日本自杀人数达到3.25万人,较2004年的3.23万人增长了0.7%,这也是日本自杀者人数连续第8年突破3万人。20世纪七八十年代是日本经济迅速繁荣的重要时期,也就是从那时候起,日本每年都有1万多人猝死。目前调查显示,近年中国过劳死已经超过了日本,主体是白领人群。中国目前正处于经济快速增长期,反映在各行业中的状态也表现出由于压力过大患上各种疾病和猝死的案例逐年增多。根据世界卫生组织的报告,全球由于各种原因患上抑郁症的人有3.5亿[52]。这一不可回避的现状导致社会开始寻找正面的解决办法,对有关健康主题的书籍的需求逐年上升,其受众群多是中老年,老年受众群的阅读形式中仍以纸介书籍为主,尽管不乏运用智能手机和平板电脑的潮流老人。健康内容的书籍包括健康饮食、运动、精神健康等方面的知识,林林总总。

(3)人文社科类的需求。关于新的世界观,比如《世界是平的》《谁动了我的奶酪》《穷爸爸富爸爸》等这类改变人们的生活观、经济观的书籍越来越多,人们渴望脱离传统思想的桎梏,在时代列车中跟上发展的步伐。

(4)有关时代热点的话题的需求。诸如重新掀起的国学热、宗教的探讨、灵性的话题等在今天成为读者关注的点。

(5)有关儿童类的书籍的需求。这类图书由于拥有很大的受众群,不仅是面向儿童的阅读,孩子的家长更是第一个阅读和推荐者。由于中国计划生育的影响,独生子女的教育问题始终是社会关注点之一。儿童教育,包括学龄前教育和青少年教育越来越进入到正规化和高层次的探讨中,因此世界最新的儿童教育相关的图书被人们大力关注和推广,各出版社不仅发掘本土作家，也引进国外图书版权。没有哪一类书籍比儿童书籍的设计风格更注重创意和表现，不仅体现在文本内容上，也表现为儿童插图质量的日益精美。这充分说明了目前社会接受了各类插图画家的风格，而不仅仅局限于过去常见的某种特定风格，诸如盘踞市场多年的日韩风格的漫画之外，已经可以看到更多风格的表现。在 CG 插画领域的后起之秀的作品中，读者们看到了更多风格的插画。

6.4.1　个性之美在书籍设计中的重要性

商业特质的时代鼓励彰显个性，市场各层级受众的划分意味着个性化需求，对于纸介书籍设计的要求也是一样的。推崇个性化的表达方式基于以下几方面的原因：

（1）各大出版社为了提高市场占有份额和争取更多的图书码洋，会绞尽脑汁另辟蹊径，其中包括对设计师的书籍设计风格多样化的接纳，要求设计在本土市场文化可接受的范围内有着创新的表现；图书印刷质量有所提高，以期增加市场销售的可能性。

（2）基于全球化的现状，频繁的文化交流促使人们有机会了解到新的设计潮流和文化形态，官方和民间的文化交流开阔了当今读者的眼界，其中必然包括出版机构。人们越来越接受艺术设计风格的多样化，尤其在儿童书籍形态的设计上增添了更多创意。

（3）受众群的细化使各类书籍都拥有自己的读者群。有关国学类书籍的出版增加了不同层面的版本，对应因工作繁忙而阅读时间减少的人群和年轻的小读者，甚至因眼睛老花的老年读者群，出版社在有着严谨的学术型版本之外，出版了各类图文本。例如三联出版社出版的一套有关老子、庄子、荀子等传统国学大家的图文书，由著名的漫画家朱德庸执笔的插图，别致而风格明晰，辅以浅显易懂的文字将古代哲人们的思想清晰地表现出来，阅读轻松但又能获得收益，这类书籍的出版深受大众的喜爱。

个性和需求的表达是双向的，一方面市场挖掘了读者潜在的需求，促进并鼓励读者发觉自己的需求；另一方面读者在有着更多选择的今天会发现自己的需求，很多平台在鼓励读者表达自己的需求。尤其是电商时代的到来，很多网络销售平台为各类型的需求找到了入口，在淘宝和易趣这两个中国最大的电子商务平台上，受众可以找到很多产品，满足除了日常生活用品和书籍之外的个性化需求。其中有一部分小众的电商正在应运而生，就是为客户定制手工制作的笔记本，尽管面对的是小众人群但他们却多是知识分子和高级商务人员，在这些设计中艺术家充分发挥了自己的想象力和天赋，为有着高端需求的客户提供具有个性化的服务。

6.4.2　艺术之美：高科技时代个体对精神世界的需求

把书拿在手中，翻开书页，首先映入眼帘的是两页相连即对开的纸面。对开为一个单位，这是书籍装订时的基本空间。对开的纸面连接起重叠的无数空间，编织出文字和绘画的一个完整故事（实际上是复数的故事情节同时展开，时有倒叙，有着诸多不规则的流向）。随着翻页不断出现对开页，故事情节逐渐深入展开。书籍和电影、电视一样，是每个瞬间的重叠，它伴随着戏剧性的变化流动着。由此可见，书与电影、电视一样是包含着时间的媒介[53]。

艺术化书籍设计是近年来书籍设计的一个个性化和艺术倾向的风格，受到来自西方艺术书籍设计的影响，美国哥伦比亚大学的书籍与纸张艺术设计中心在近十几年来为世界各地培养了很多以书籍形式表现自我思想和情感的书籍艺术家，书籍设计已经超越商业化的影响，作为一个艺术品而存在，设计师的主观导向会更明确。他们的作品具有理性的工艺技术与感性的艺术紧密结合之美，在科学与艺术相结合的层面达到一个和谐的统一。

近年国内也开始有由资深的书籍设计师开创的书籍艺术实验室或者书籍设计工作室，在书籍艺术家的带领下，书籍设计师们开始探索纸张的语言。纸张在成书的设计制作中所起到的所用，将纸或者书籍的表现力发挥到了极致。

书籍的制作是一个需要科学指导的技术化过程，设计师的创意和美感需要巧妙地利用技术的力量，因此在很多书籍设计师看来，书籍设计是一个工学与艺术学结合、理性与感性结合的设计过程。其实很多设计领域的创作都是遵循这样的原理来进行的，只是书籍具有其特殊性，它是信息的载体和思维的启示点。无论怎样的书籍设计，其艺术性必须遵从书籍的这一属性，无论阅读方式怎样改变，读者应该从中获得思想的启迪。图 6.7 所示是加拿大艺术家 Guy Laramee 设计的一本极具艺术性的书籍，重峦叠嶂与书籍合二为一，使之成为一个符号化的作品。

▶　图 6.7　书籍设计的艺术

图片来源：Janing Yuan. Paradise of paper art. Designerbooks，2014

　　该书设计的语言从两个角度来实现。首先从结构上完全颠覆了书籍原有的顺次翻动的模式，书籍可以成为一个雕塑，也可以成为一种类似

像素时代的阅读——当代书籍设计语言的研究

装置的艺术品，其意义在于这本身就是一个回应信息时代的象征，以另一种形式体现了书籍的意义。其次是材料的多样化，设计语言的置换，纸张与其他材料的结合，在二维的平面上创造了三维的语言。哥伦比亚书籍与纸张艺术中心的设计师设计出的《宇宙大爆炸》一书，将印上文字的纸张浸泡在水中，留下依稀难辨的字迹和满是旧痕的内页。整本书展示了尽管文明的真相就在书中，但是经历了时间的洗礼后，文字语言变得模糊，使得再次解读就已经加注了后人们的理解和新的领悟，在某种意义上而言，语言的不确定性是这本书想要表现的。

书籍艺术化倾向是时代的需求，是人们在物质逐渐丰富的环境中对精神世界的一种追求。建筑被称为凝固的音乐，在这一点上，书籍与建筑有着共鸣之处。建筑是一个时空的艺术，需要在时间流中感受体验空间的艺术；书籍是浓缩的艺术，需要在时间中感受纸张之间的关系，在纸张建构的空间中领悟和培育自己的想象力。

文化与价值经常交织在一起产生互动甚至赋予彼此更多新的内涵。并不是说书籍的艺术化是今后纸介书籍的形式，而是今后的纸介书籍形式中逐渐倾向于艺术化的表现。当个性化逐渐成为一种趋向之后，艺术化必然紧紧跟随，因为在符号学家卡西尔的眼里，人和文化的本质就是具有能动性的创造活动，它为人的存在意义找到了一个介质。

134

结　论

　　当技术的力量逐渐疏离人类的情感，将自然界万物平衡共生的局面打破的时候；当科学技术已经不能解决现有的矛盾，越来越多不和谐的"例外"出现的时候，按照库恩的理论就会出现新范式取代旧有的范式。虽然人文领域的范式转移并非如同自然科学的革命那样具有绝对的不可通约性，但是库恩理论告诉我们需要以新的思维和方法突破原有的范式，尽管这种改变并非一定是疾风劲雨般的革命。

　　当今商业化环境下互联网及移动通信技术的日益发展，改变了人们的生活方式，这种改变体现在生活的方方面面，其中以传递信息的方式发生的剧变为主。整个世界成了一张大网，在人人都拥有一个移动终端的情形下，互联网将信息的传递和分享变得易如反掌，各类围绕在日常生活中的衣食住行的相关服务应运而生，不仅细致入微而且简单便捷。人们以互联网来强化和帮助原有的传统生活方式；电子商务随着互联网的发展如雨后春笋般遍布全球，人们的衣食住行通过互联网得到了更多资讯、更多选择，节约了时间与人力，时空观在悄然改变；交际面的扩大使得人们获得更多交友、工作、婚姻、旅行等机会。这一切都是源于信息的获取方式的变化。

　　在商业社会，大量的信息通过日益增多的渠道环绕着我们的生活，相应地受众需要在海量信息中进行选择，而对于服务方，由于信息渠道的畅通和多样化，各种信息被分档、分类，信息被层级化处理，可以将具体的服务送达需求方，信息服务的内容更有质量兼具专业性。在书籍设计中多体现的正是信息化时代大的语境下的具体表现，在这个命题中，"信息"与"书籍"成为研究书籍设计的两个关键词。

　　生活节奏空前地加快、效率提高，人们逐渐习惯快餐式的生活方式，长时间阅读书籍的时间减少，除了工作和专业领域的要求，大部分人的阅读逐渐转为快速的、碎片式的阅读方式；尤其是由于移动通信设备的日新月异，人们可以利用间隙的时间，在很多移动环境和状态下用手机阅读新闻和短小的文章及信息，渐渐形成短小阅读时间和阅读的心理模式。在这一情形下，人们形成了新的学习模式，正如《世界是平的》一书的作者托马斯·弗里德曼提到的那样："在平坦的世界中你们首先需要培养'学习如何学习'的能力，不断学习和教会自己处理旧事物和新事物的新方式。这是新时代条件下每个人都应当培养的能力。在这个时代，一切或部分工作将不断受到数字化、自动化和外包的挑战，而且新的工作和新的行业也将越来越快地涌现出来。在这个世界里，想要脱颖而出不仅要看你了解事物的多少，也要看你了解事物的方式，因为今天你了解的事物可能很快就会过时，其速度之快你连想都想不到。"[54] 在弗里德曼的眼中，世界正是因为网络的出现变成了平的，这是从信息传达和交流的渠道来说的。他的理论充分阐明了在新时代的情境下，人们该怎样学习，因为世界变化的脚步正在加快，而人们很难固守原有的方式却能胜任新的挑战，这是一个现状，也是一个挑战，对所有领域包括设计领域的人都是如此。

　　纸介书籍的设计早已从浅表化的装饰进入到了深层次的整体设计中。中国历史上最大的两次文化转型运动，一是在新文化运动时期，西方思想的引入使中西文化产生了大规模的碰撞，这一时期书籍的设计开始引进西式的版式，因为文字的区别，竖版开始与横版文字混排，出于需要，横版版式设计开始成为书籍设计中的主流。封面的设计也开始向西方文化靠拢，采用很多艺术版画作品，各类杂志如《新青年》等开始将清新的自由文化之风吹进保守的民众心中，那时的书籍设计概念还处于外表的装饰的范畴，这种书籍设计的理念一直延续了漫长的一个世纪。第二次书籍设计形态的变革是在20世纪90年代以后信息时代的环境下，东西方文化交流加剧，西方精良的印刷技术和纸张艺术也随之遍及中国出版界和设计界，更重要的是互联网的发展和移动通信技术的进步，颠覆了人们阅读的习惯，各种自媒体的兴起，以及网络平台的百花齐放，使阅读的介质变得复杂而多样，这时候阅读基本可以归为传统纸介阅读与像素阅读两大形式。首先是以液晶屏为明显特征的各种电子平台的兴起，如智能手机、平板电脑、电子阅读器等，人们习惯于携带小巧轻便的电子产品出行、办公，开始形成碎片式阅读和充填时间碎片的电子游戏，这些内容和形式开始匹配人们不断加快的生活节奏，这一时期的人们形成了浅阅读方式。

纸介书籍因而呈现出丰富的样式，很多国外时尚类、文化类杂志、书籍等版权的引进使人们从新的视角再度审视纸介书籍设计的理念。随着文化交流的加深，设计界的一些资深设计师在经历了海外学习的经历之后，加之各类国际设计活动的开展，逐步将重心锁定在外表装饰的书籍设计概念拓展至由内而外的全方位的立体式设计。书籍不再是一个印上文字和图形的纸张的叠加，而是成为艺术与科学紧密结合的符合人们生理和心理需求的启迪思维的介质，书籍的设计以对文本的编辑和深加工开始的多元立体设计，改变了人们的阅读方式，更加看重个性化和艺术化的表达。

书籍设计开始从文本深层次的设计入手，注重信息传递的引导性、阅读体验的深度化与激发心灵的形式。一本能启动全方位思维的书籍设计，应该是对文本内容的精心编辑，并将文本的精髓灵活地融入于设计形式之中，由内而外、由表及里，有秩序、有层次地展现出风格，并顺利地引导读者阅读，书籍设计中呈现的要素应各司其职，既统一在一个整体风格之中，又在各部分有着灵活的表现。从最初的文本开始，对信息进行规划已经成为设计师们越来越注重的事，唯有这样才可以使纸介书籍的设计脱离外观和浅表设计。

利奥塔在《后现代状况》一书中深刻剖析了身处后现代社会的今天，是一个彻底的多元化已成为普遍基本观念的历史时期。同时他指出这种多元性强调的不是抹杀或取消差异，而是主张不同的范式并行不悖、相互竞争，因此它是一种"无条件的多元性"。这一观念体现在社会方方面面，尤其是涉及美学和文艺的诸门类。这为设计风格的多样化找到了很好的理由，允许文化多元形态的呈现固然是文明程度提升的体现，但多元化一词也如同一把双刃剑，在呈现丰富的设计语汇的同时，也将设计的弊端体现出来了。这就是借由技术的便利过分注重形式，以至于形式与内容严重脱节的现象，在视觉传达设计中表现出来的是制造出"视觉的垃圾"或"视觉噪声"。而这一现象并不少见，尤其在发展中的国家，商业刚刚呈现欣欣向荣的景象，商业目的的功利化使很多委托方忽略了文化的价值，这一点也影响了意志并不坚定的设计师们[55]。

随着文明进程的加速，当技术带来的惊喜逐渐冷却，受众群已经开始对各种视觉效果见惯不惊甚至开始对高成本的装饰感到厌倦了；设计师们逐渐回归理性，开始思索什么是恰如其分的设计，如何在丰富的材料和技术中挑选最适合的手段，那么高品质的设计就真正到来了。这也是物质积累到达一定程度之后，人们开始寻求真正能够令生活品质得到提升的真谛，不是浮华的形式，而是能撼动心灵的东西。无论是文学领域还是电影，抑或是艺术与设计领域，只有真正引发人们内心感动或者带来思索的形式才是"灵肉合一"的好设计。

全方位整合的纸介书籍的装帧设计理念已经形成，并将影响着今后纸介书籍的设计发展，纸介书籍装帧的概念开始被设计师们深刻理解并运用。读者群的口味和喜好随着时代的进步而变得丰富多样，这为设计师们提供了更多理由去设计个性化的书籍。

从信息设计的角度对待书籍设计，文本的编辑和策划已经纳入到设计师们设计的法则之中，并以此为创意点形成与众不同的思路。在建筑设计的空间观和网络设计的层次与逻辑性的影响下，书籍设计也变得更加细致入微与立体。

这一切体现出了纸介书籍设计的审美范式的转换。

任何表象的形式都是整个体系的一种外显映射。信息设计观促使人们创造出新的语言，形成全球化共用的语言系统，没有什么比在设计中更能体会到这一点。纸介书籍设计形成了多元共生的范式，其中体现的是回归人与自然的连接，增进激发情感的契机。

正如一位美国设计师所认为的：有时候一些技术的手段看似让我们抓住了一些东西，但是事实上，人们是否会错过体验真正的美？我们确定想要拥有这种美，正如我们能在真实的时空中确实地把握住这种感受[56]。

参 考 文 献

[1] 秦歌. 不要迷信液晶显示屏 [N]. 光明日报, 2003-5-28.

[2] [美] 罗杰・费德勒. 媒介形态变化 [M]. 北京: 华夏出版社, 2000.

[3] [英] 罗伯特・克雷. 设计之美 [M]. 济南: 山东画报出版社, 2010.

[4] 丘陵. 书籍装帧艺术简史 [M]. 哈尔滨: 黑龙江人民出版社, 1984.

[5] 杨天宇, 周礼译注. 十三经译注 [M]. 上海: 上海古籍出版社, 2004.

[6] 南怀瑾. 老子他说 [M]. 上海: 复旦大学出版社, 2005.

[7] 郭俊峰译评. 增广贤文 [M]. 长春: 吉林文史出版社, 2007.

[8] Charles Alexander Moffat. The work of Art in the age of Digital Reproduction, in www.lilithgallary.com (update February 2005).

[9] [法] 布瓦洛. 诗的艺术 [M]. 北京: 人民文学出版社, 2009.

[10] 张夫也. 外国现代设计史 [M]. 北京: 高等教育出版社, 2009: 78.

[11] 杨天宇, 周礼. 十三经译注 [M]. 上海: 上海古籍出版社, 2004.

[12] W. J. T. Mitchel. Iconology: Image, Text, Ideology [M]. Chicago and London: The University of Chicago Press, 1986: 10.

[13] Richard Wollheim. Painting as an Art [M]. New Jersey: Princeton University Press, 1987: 45.

[14] V. C. Aldrich. Picture Space [J]. Philosophical Review, No 67, (July, 1958).

[15] 王丽丹. 丘陵文集 [M]. 济南: 山东美术出版社, 2011.

[16] 宗白华. 中国美学思想专题研究笔记 (1960—1963) 宗白华全集 [M]. 合肥: 安徽教育出版社, 2008: 50-52.

[17] 陈致. 余英时访谈录 [M]. 北京: 中华书局, 2012.

[18] Nelson Goodman. Of Mind and other Matters [M]. London: Harvard University Press, 1984: 12-14.

[19] 蒋勋. 汉字书法之美 [M]. 桂林: 广西师范大学出版社, 2009.

[20] 刘仁庆. 中国古纸谱 [M]. 北京: 知识产权出版社, 2009: 5.

［21］［美］托马斯・库恩. 科学革命的结构［M］. 北京：北京大学出版社，2003.

［22］傅守祥. 审美化生存［M］. 北京：中国传媒大学出版社，2008.

［23］［英］理查德・利基. 人类的起源［M］. 北京：中国科学出版社，2007.

［24］王受之. 世界现代设计史［M］. 北京：现代出版社，2002.

［25］［意］克罗齐. 美学原理［M］. 北京：商务印书馆，2012.

［26］［美］詹姆逊. 后现代主义与文化理论［M］. 西安：陕西师范大学出版社，1987：198-200.

［27］Dabney Townsend. the work of Art in the Age of Mechanical Reproduction［M］. Jones and Bartlett，2001：285.

［28］［美］比尔・盖茨. 未来时速［M］. 北京：北京大学出版社，1999.

［29］William H. Gates III. Bill Gates-A Road Ahead［M］. Viking publish house，1995.

［30］［美］珍妮特・沃斯，［新西兰］戈登・德莱顿. 学习的革命［M］. 上海：三联出版社，1998.

［31］高媛媛. 浅谈英语泛读指导方法［J］. 科技致富向导，2008（10）.

［32］陈锐军. 数字时代阅读新特点初探，http：//wenku.baidu.com/view/15b9d81 9fad6195f312ba650.html.

［33］Wendy Richmond. What beat for you? Communication Arts Interactive Anual19 March/April 2013：14.

［34］陶雪华. 中国最美的书［M］. 北京：东方出版中心，2010.

［35］［日］加藤敬事. 东亚四地：书的新文化［M］. 台湾：网路与书出版社，2004.

［36］李德庚. 今日交流设计——固态阅读［M］. 兰州：甘肃人民美术出版社，2008.

［37］［日］铃木成一. 装帧之美［M］. 北京：中信出版社，2013.

［38］Ludwig Wittgenstein，G.E.M Anscombe. Philosophical Investigations［M］. The Macmillan Company，1964：197.

［39］［美］阿兰・库珀. 交互设计之路［M］. 北京：电子工业出版社，

2006.

［40］Susanne，K. Langer. Problems of Art：Ten Philosophical Lectures，New York：Charles Scribner's sons，1957：52-53.

［41］互联网的起源与发展［N］.网络营销 http：//www.cxne.com/seo/ResearchSee. asp?newsid=193

［42］［日］杉浦康平.造型的诞生［M］.北京：中国青年出版社，1999.

［43］Stephen Cole，Paul Shaw. Face in the Crowd［J］. Print，2013：4.

［44］［美］苏珊·朗格.形式与情感［M］.北京：中国社会科学出版社，1987.

［45］李德庚.观念越狱［M］.兰州：甘肃人民出版社，2008.

［46］赵青.实验性书籍设计研究［J］.南京艺术设计学院学报，2012.

［47］许知远.什么是好的商业书籍［J］.商务周刊，2003（7）.

［48］Roland Barthes. The Responsibility of Forms［M］. Oxford：Basil Blackwell，1986：239.

［49］钱钟书.侧重文学角度的通感分析［M］.上海：上海古籍出版社，1985.

［50］赵之昂.肤觉经验与审美意识［M］.北京：中国社科出版社，2007.

［51］杨雯.试论纸质媒体的网络化和现状的发展[J].法制与社会，2008（17）.

［52］任芳芳.日本过劳死现状调查［J］.东方企业文化，2011（10）.

［53］刘瑜.世界最美的书美在哪？［N］.深圳商报，2011.

［54］［美］托马斯·弗里德曼.世界是平的［M］.长沙：湖南科学技术出版社，2009.

［55］［法］利奥塔.后现代状况［M］.长沙：湖南美术出版社，1996.

［56］Wendy Richmond. What do you do with Beauty？［J］. Communication Arts Illustration Anual54，May/June 2013：18.

后　记

正如培根所说："书籍是在时代的波涛中航行的思想之船，它小心翼翼地把珍贵的货物运送给一代又一代。"这世间充满了爱书人，书是一个载体，联结了世界与人；科学技术的迅猛发展改变了人们阅读的姿态，书籍的设计在不断与时俱进；书籍设计师的外延如今被拓展，界面设计师又是新型"书籍"的设计师，他们和读者一起创造了奇幻而又真实的、阅读的世界。

回顾本书完成的过程不禁感慨，一直以来心情如同波涛中的小船，时而顺行，时而搁浅，时而在逆流之中坚持。在本书即将出版之际，除了前言中提及的各位，我最终要感谢北京理工大学国际交流与合作教材专著建设项目的支持，让我有幸获此机会能与国内外各位艺术与设计的专家们交流探讨；北京理工大学出版社的领导与编辑对本书一次次的审编、校对、装帧付出了大量辛勤的工作，为此我充满深深的感激之情！希望本书能唤起更多设计者们对于书籍设计的热情并共同为此而努力！

作　者

2016 年 9 月 1 日